内蒙古天然林资源保护工程建设效益评价研究

NEIMENGGU TIANRANLIN ZIYUAN BAOHU GONGCHENG
JIANSHE XIAOYI PINGJIA YANJIU

谢明玉　向文生　国　政◎著

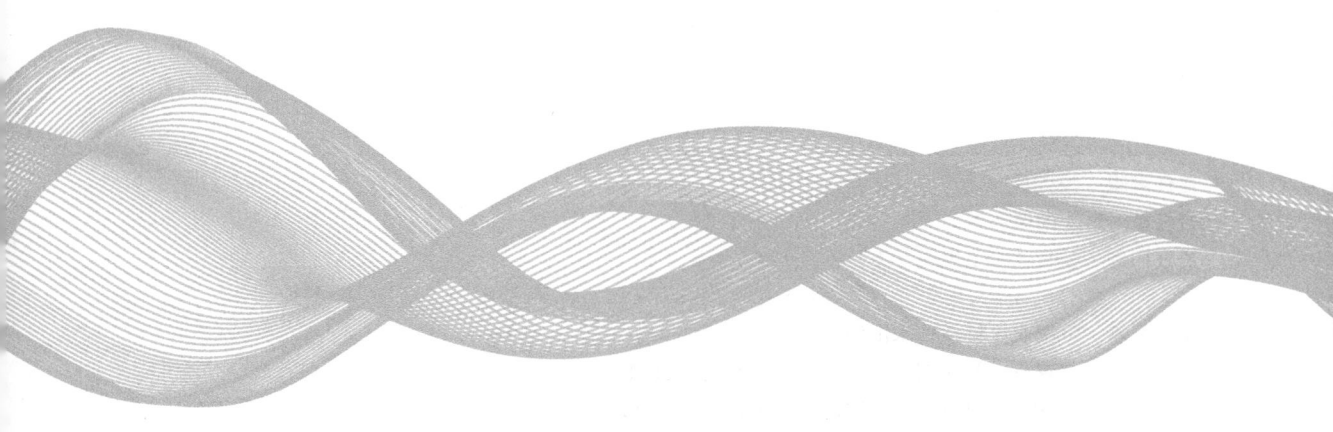

中国农业科学技术出版社

图书在版编目(CIP)数据

内蒙古天然林资源保护工程建设效益评价研究／谢明玉，向文生，国政著．--北京：中国农业科学技术出版社，2025.5. -- ISBN 978-7-5116-7333-6

Ⅰ．S76

中国国家版本馆 CIP 数据核字第 20257QB584 号

责任编辑	张诗瑶
责任校对	李向荣
责任印制	姜义伟　王思文

出 版 者	中国农业科学技术出版社
	北京市中关村南大街 12 号　　邮编：100081
电　　话	（010）82106625（编辑室）　　（010）82106624（发行部）
	（010）82109709（读者服务部）
网　　址	https：//castp.caas.cn
经 销 者	各地新华书店
印 刷 者	北京建宏印刷有限公司
开　　本	185 mm×260 mm　1/16
印　　张	8.25
字　　数	230 千字
版　　次	2025 年 5 月第 1 版　2025 年 5 月第 1 次印刷
定　　价	60.00 元

━━◁ 版权所有·翻印必究 ▷━━

前　言

20世纪80年代以来，随着中国经济的快速发展，环境与发展的矛盾日益突出，特别是1998年洪涝灾害后，中共中央、国务院审时度势，从社会经济可持续发展的战略高度出发，确定了实施天然林保护工程的重大决策。1998年，根据中共中央、国务院的指示精神，天然林资源保护工程在内蒙古、吉林、黑龙江、海南、重庆、四川、贵州、云南、陕西、甘肃、青海、新疆12个省（自治区、直辖市）开始试点；1999年山西省和湖北省相继启动天然林资源保护工程；2000年10月，国务院正式批准《长江上游、黄河上中游地区天然林资源保护工程实施方案》和《东北、内蒙古等重点国有林区天然林资源保护工程实施方案》。

天然林资源保护工程就是针对天然林资源长期过度消耗而引起生态恶化问题而实施的，是我国生态环境建设的伟大举措。它不仅是对我国天然林资源保护工程区林业建设工程的系统整合，也是对我国生态系统进行保护的一次战略性调整。2010年12月，国务院常务会议决定实施天然林资源保护二期工程，时间为2011—2020年。天然林资源保护工程效益如何是项目决策与管理者十分关注的问题。为了科学、全面、系统地总结天然林资源保护工程效益，国家林业局于2013年5月决策启动了我国天然林资源保护工程生态效益研究课题，该课题依据全国天然林资源保护工程的整体布局、结合全国生态功能区的划分和生态定位站的监测，就天然林资源保护工程实施前后，天然林资源保护工程区土地利用、植被覆盖，以及其景观格局变化、群落特征、土壤特征、水文效应进行分析，对天然林资源保护工程建设效益进行全面系统的科学评价，特别是对其生态功能进行客观准确的评价。

本研究在森林生态学研究的基础上，综合运用生态学及经济学理论，借鉴国内外的相关研究，对我国天然林资源保护工程区进行研究。利用监测数据和国家七次森林资源清查的统计数据，运用对比分析法和统计分析法，对内蒙古地区的森林资源进行动态研究，对内蒙古天然林资源保护工程的建设成效进行研究。采用价值计量法和层次分析法（AHP）分别对我国天然林资源保护工程进行综合效益评价。研究表明，天然林资源保护工程实施以来，为改善生态环境、维护我国国土生态安全发挥了重要保障作用，为经济社会可持续发展作出了重要贡献。天然林资源保护工程是一项重大的林业工程，而林业既是经济、社会发展中不可缺少的基础产业，也是全民族共有的公益事业。天然林资源保护工程的实施，不仅改变了天然林资源保护工程区的植被、森林群落、土壤、水文等生态特征，而且三大天然林资源保护工程区都发挥出了巨大的生态功能。林地、林木、湿地、野生动植物资源不仅可以为国家建设和人民生活提供木材及其他多种多样的非木质林产品，同时也是重要的碳贮库、蓄水库、基因库和能源库，在涵养水源、固碳释氧、保持水土、净化水质、防风固沙、调节气候、净化空气、维持生物多样性等方面，发挥着不可替代的作用；还可以为人们提供旅游休闲的场所，为社会创造大量的就业机会，为农民提供脱贫致富的途径，为区域经济发展注入强大的活力。

本书在编写过程中，依托的基金项目：江西省教育厅科技重点项目（2022）（GJJ2202502），并得到豫章师范学院的资助。本书在数据资料的来源和生态因子的监测方面得到了内蒙古自治区浑善达克规模化林场的大力帮助。

对于天然林资源保护工程这种复杂的生态建设工程进行评价是一件非常艰难而具有挑战性的研究与探索工作。本研究对天然林资源保护工程建设效益进行全面系统的科学评价，为完善天然林资源保护工程决策和管理体系提供科学依据，对于已实施的天然林资源保护工程的科学评价以及未来的天然林资源保护工程的合理建设具有重要参考价值。

著 者
2024 年 6 月

目　　录

第 1 章　绪　论 ·· 1
 1.1　研究背景 ··· 2
 1.2　研究目的意义 ·· 4
 1.3　研究内容 ··· 4
 1.4　研究方法 ··· 6

第 2 章　国内外研究综述 ·· 10
 2.1　研究现状 ··· 10
 2.2　研究发展趋势 ·· 19

第 3 章　天然林资源保护工程生态效益评价体系与评价标准 ·· 21
 3.1　天然林资源保护工程生态效益评价指标体系概述 ·· 21
 3.2　天然林资源保护工程区生态因子的观测研究 ·· 23
 3.3　内蒙古天然林资源保护工程区生态因子观测方法 ·· 54

第 4 章　内蒙古天然林资源保护工程建设成效 ··· 60
 4.1　内蒙古自治区概况 ·· 60
 4.2　内蒙古天然林资源保护工程的内容与措施 ··· 62
 4.3　内蒙古天然林资源保护工程建设对森林资源恢复的影响 ······································· 65
 4.4　内蒙古天然林资源保护工程建设主要成效和经验 ·· 70

第 5 章　内蒙古天然林资源保护工程生态效益评价 ·· 73
 5.1　评估指标及评价方法构建 ··· 73
 5.2　内蒙古天然林资源保护工程生态效益评价结果 ··· 88

第 6 章　内蒙古天然林资源保护工程经济和社会效益评价 ··· 91
 6.1　天然林资源保护工程经济和社会效益评价指标体系 ··· 91
 6.2　内蒙古天然林资源保护工程经济效益评价结果 ··· 91
 6.3　内蒙古天然林资源保护工程社会效益评价结果 ··· 94

第 7 章　内蒙古天然林资源保护工程综合效益的层次分析 ··· 97
 7.1　层次分析法（AHP）的数学模型 ··· 97
 7.2　层次分析法基本步骤 ··· 98

7.3 天然林资源保护工程综合效益评价指标体系的构建 …………………… 100
7.4 内蒙古天然林资源保护工程综合效益评价 …………………………… 104
7.5 小结 …………………………………………………………………… 112

第8章 研究评述与展望 …………………………………………………… 113
8.1 研究结论 ……………………………………………………………… 113
8.2 原创性工作 …………………………………………………………… 117
8.3 研究的不足 …………………………………………………………… 117
8.4 研究展望 ……………………………………………………………… 118

主要参考文献 ……………………………………………………………… 120

第1章 绪 论

　　天然林是我国森林资源的重要组成部分,是结构最完善、物种最丰富、生态功能最完备的植被类型。天然林在维系国家生态安全、保障区域社会经济可持续发展中具有不可替代的作用。天然林在固碳释氧、涵养水源、保育土壤、净化大气环境、积累营养物质及生物多样性保护等生态服务功能方面发挥着极为重要的作用。根据第七次全国森林资源清查数据,我国天然林面积为 11 969.25 万 hm^2,蓄积量为 114.02 亿 m^3,是我国森林资源极为重要的组成部分。

　　然而,世界范围内天然林的破坏和退化非常严重,全球原始森林 80% 惨遭破坏,残留的原始森林也已支离破碎,这已成为 21 世纪全球环境发展的七大难题之一。我国自 20 世纪 50 年代以来,天然林面积持续减少,尤其是原始林数量大幅度减少、生物多样性受到威胁、森林生态服务功能急剧降低或丧失,严重影响了区域生态安全和林业的可持续发展。目前,全国水土流失面积为 356 万 km^2,占国土面积的 1/3 以上,大江大河上中游等生态脆弱地区水土流失仍很严重,局部地区还存在恶化趋势;全国首次野生动植物资源调查结果表明,调查的物种中有 39.7% 野生植物因生境恶化而陷入濒危状态,87.7% 的野生动物栖息地受到不同程度的破坏。上述种种生态环境恶化的趋势都与天然林的破坏及其生态系统服务功能的降低密切相关。

　　我国自从 1998 年启动天然林资源保护工程以来,生态环境得到显著改善,天然林面积不断扩大、天然林质量得到一定提高、生物多样性得到有效恢复,工程区一大批森工企业产业结构正在调整。与上一次森林清查相比较,我国天然林面积净增 393.05 万 hm^2,天然林蓄积净增 6.76 亿 m^3。天然林资源保护工程区的天然林面积净增 26.37%,天然林蓄积净增量是第六次清查的 2.23 倍。因此,天然林资源保护工程在森林资源增长过程中发挥了极为重要的作用,是我国天然林面积不断增加和质量不断提高的重要因素。

　　科学合理地评价天然林资源保护工程成效,对于及时掌握该工程实施的生态效果,了解工程进展中存在的问题,制定科学合理的管理办法,进一步规范天然林资源保护工程和开展天然林可持续经营具有极其重要的基础作用。与此同时,由于天然林资源保护工程是一项涉及社会经济、生态环境等诸多领域的系统工程,工程实施过程中也暴露出许多亟待解决的技术、管理和政策问题。随着天然林资源保护工程的日益深入,现有的以森林资源连续清查体系和二类调查为基础的森林资源监测体系,以木材采伐利用为核心,森林面积、蓄积为监测重点,已经难以满足天然林资源保护工程的实际需要。由于缺乏科学合理的天然林资源保护工程成效监测与评价标准,在实际工作中,难以系统地对天然林资源保护工程生态环境效果、管理水平、社会经济影响、政策落实等进行及时有效的监测和评价。这也使政府有关部门难以及时有效、全面地了解工程实施效果,进而影响到天然林资源保护工程管理体制、机制的进一步完善。天然林资源保护管理部门和单位也缺乏系统有效的保护管理目标和方向，因而在某种程度上已经制约天然林资源保护工程的预期效果和目标。因此，制定天然林资源保护工程成效监测与效益评价标准，使之符合天然林自然发生变化规律、社会经济运行规律，以及天然林分类体系，同时满足天然林保护和可持续经营要求的监测评价体系和方法，对于促进和保障天然林资源保护工程的顺利开展具有重要意义。

我国是最早开展森林资源长期监测的国家之一，大量系统的森林资源监测数据对林业政策制定和国民经济发展起到了重要的支撑作用。从20世纪50年代开始，我国陆续开始了森林生态站点的建设和监测工作，特别是近年来，我国已建立比较系统和完善的森林生态系统长期监测网络体系（如中国森林生态系统定位研究网络），积累了大量的森林生态系统功能监测数据，这些监测站点也大多分布在主要的天然林资源保护工程区。然而，如何有效利用长期资源与生态监测数据，科学评价天然林资源保护工程的生态效益，是我国天然林保护工作和生态科学研究中一项亟须开展的重要任务。

1.1 研究背景

天然林资源保护工程不仅是为了保护天然林资源的林业工程，更重要的是为了保护生态环境的重大林业工程。生态环境是人类生存和发展的基本条件。生态破坏会给人类带来巨大的损失和灾难，甚至使一个国家和民族衰亡。森林是陆地最大的生态系统，它的存在和发展状况如何，对国民生活质量和国民经济可持续发展的影响极大。

我国是世界上生态环境比较脆弱的国家之一，追溯历史，上至西周，下至改革开放后的20世纪80—90年代，我国的森林生态系统呈现出逐渐恶化的态势：森林资源锐减，森林生态破坏严重；大面积水土流失，土地资源被严重破坏；生物多样性破坏严重；自然灾害暴发频繁，而且造成的损失巨大。不断恶化的生态环境已成为我国实施可持续发展战略的主要障碍，也得到了政府和有关部门的高度重视。

中华人民共和国成立以来，中国共产党就一直非常重视林业和生态环境建设。在1950年第一次全国林业会议上，就确定了"普遍护林、重点造林、合理采伐和合理利用"的林业建设方针。在1956年3月毛泽东同志就发出了"绿化祖国"的伟大号召，1958年毛泽东同志提出"要发展林业，林业是个很了不起的事业"，要求在一切宅旁、林旁、路旁、水旁，以及荒山荒地上，即一切可能的地方，均要按规格种起树来，实行绿化。1962年，国务院总理周恩来同志在视察东北林区时提出了"越采越好、越采越多、青山常在、永续利用"的要求，并成为这一时期林业建设的指导方针（李育才，2004）。

邓小平同志在1981年四川省遭受严重水灾之后，敏感地看到发展林业与国家经济建设全局的关系，提出要少砍树，保护森林资源，并积极倡导"开展全民义务植树"。1998年长江流域发生巨大洪水，分析原因，与森林过度采伐、植被破坏、水土流失、泥沙淤积、行洪不畅有关，江泽民同志向全党和全国人民发出了"再造秀美山川"的号召。

据统计，整个四川省旱灾已由20世纪的50年代3年一大旱，发展到了20世纪90年代的年年大旱，洪水由20世纪50年代10年发生4次，发展到近年的年年洪灾，四川省每年因干旱、泥石流等各种自然灾害造成的损失大幅度上升。长江上游林区除自然生态脆弱外，长期以来资源不合理的开发利用，尤其是森林资源长期大面积砍伐和矿产资源掠夺性、粗放式开采，是造成该地区生态环境恶化的主要原因。如不治理，生态恶化会越来越严重，而且呈现出快速发展态势。一是天然林资源逐步枯竭。调查表明，四川省的22户重点森工企业中，就有14户森工企业无林可采、6户已经接近枯竭。地方长期依靠采伐和经营木材维持生存的小型采伐企业和国营林场，有200余户森林过伐问题非常突出。二是生态环境恶化严重。就四川省而言，天然林资源保护工程实施前，全省水土流失面积高达22.34万 km^2，占全省面积的46.06%，土壤年侵蚀总量9.5亿 t，流入长江的泥沙每年达6亿 t；全省沙化和荒漠化土地面积达145万 hm^2。生态环境恶化，还导致各种自然灾害频繁发生，其中重大洪灾出现频率46%，干旱出现频率高达95%；此外还有滑坡10万余处，特大泥石流137处。三是林业企业生存困难。天然林资源保护工程实施前，四川省重点森工企业22户中已有14户沦为特困，地方小型采伐企业随着可采资源的减少难以为继，整个林业行业经济危机。天然林资源保护工程实施前，全省林业企业欠银行债务高达23.9亿元，其中采伐企业19.3亿元，富余人员达8万多名，超过半数的森工企业在职职工不能按时领到工资，拖欠离退休人员费用达2.3亿元，企业已经到了破产的边缘，林区和社会稳定受到严重影响。

在天然林中，原始林越采越少，次生林比重增加，森林的防护效能削弱，质量低下，生态功能下降。森林资源质量不高，单位面积蓄积量较低。森林质量的现状，已经不能适应改善生态环境的需求。近年来的水土流失加剧、长江和松花江洪水泛滥、沙尘暴肆虐都与森林破坏密切相关。

针对1998年长江流域的巨大洪水进行灾后反思，国家权力机构和林业主管部门把保护森林、维护国土生态安全提高到了非常重要的地位。1998年开始进行天然林资源保护工程的试点，2000年正式启动。天然林资源保护工程是我国林业六大工程之一。

天然林保护工程是针对天然林资源长期过度消耗而引起生态恶化的问题，特别是1998年洪涝灾害后，中共中央、国务院开始高度重视生态问题，从社会经济可持续发展的战略高度出发，确定了实施天然林资源保护工程的重大决策（李育材，2004）。1998年，根据中共中央、国务院的指示精神，天然林资源保护工程在内蒙古、吉林、黑龙江、海南、重庆、四川、贵州、云南、陕西、甘肃、青海、新疆12个省（自治区、直辖市）开始试点，1999年山西省和湖北省相继启动了天然林资源保护工程，2000年10月24日，国务院正式批准《长江上游、黄河上中游地区天然林资源保护工程实施方案》和《东北、内蒙古等重点国有林区天然林资源保护工程实施方案》，天然林资源保护工程正式实施。

森林发挥的生态效益是巨大的。近几年国内外学者运用现代价值理论对森林效益进行评估的研究表明，森林具有重要的非商品性价值（生态价值）（陈源泉 等，2003；陈仲新 等，2000）。一般认为，森林有非商品性价值相当于其经济价值的10~20倍。日本20世纪70年代初的研究表明，全日本森林年蓄水量达2 300亿 t。我国有关专家近几年进行同类研究测算，目前我国森林的年水源涵养量为3 470亿 t，相当于全国现有水库总容量（4 600亿 t）的75%。如果用等价物替代法进行价值计算，它相当于建造同等容量的水库所需要的建设投资。1998年，在第九届全国人民代表大会常务委员会第二次会议审议通过的《中华人民共和国森林法》第一次修正中以法律形式建立的森林选矿效益补偿基金制度正是对森林生态价值的认可。

天然林资源保护工程一期工程实施后，发挥了巨大的生态效益。科学合理地评价天然林资源保护工程成效，对于及时掌握该工程实施的生态效果、了解工程进展中存在的问题、制定科学合理的管理办法、进一步规范天然林资源保护工程和开展天然林可持续经营具有极其重要的基础作用。客观、动态、科学地评价天然林资源保护工程的生态效益对于提高全民族的环境保护意识，提高人们对森林经营管理水平，正确处理社会经济发展与生态环境保护之间的关系具有重要的现实意义。

1.2 研究目的意义

我国自 1998 年启动天然林资源保护等林业工程以来，生态环境得到显著改善，森林面积不断扩大、森林质量得到一定提高、森林生态系统、生物多样性得到有效恢复。在维系国家生态安全、保障区域社会经济可持续发展中具有不可替代的作用。在固碳释氧、涵养水源、保育土壤、净化大气环境、积累营养物质及生物多样性保护等生态服务功能方面发挥着极为重要的作用。科学合理地评价天然林资源保护工程建设成效，对于及时掌握该工程实施的生态效果，了解工程进展中存在的问题，制定科学合理的管理办法，进一步规范天然林保护等林业工程和开展可持续经营具有极其重要的基础作用。与此同时，由于天然林保护等林业工程是涉及社会经济、生态环境等诸多领域的系统工程，工程实施过程中也暴露出许多亟待解决的技术、管理和政策问题。由于缺乏科学合理的天然林资源保护工程成效监测与评价标准，在实际工作中，难以系统地对天然林资源保护工程生态环境效果、管理水平、社会经济影响、政策落实等进行及时有效的监测和评价。这也使政府有关部门难以及时有效、全面地了解工程实施效果，进而影响到天然林资源保护工程管理体制、机制的进一步完善。天然林资源保护工程管理部门和单位也缺乏系统有效的保护管理目标和方向，因而在某种程度上已经制约天然林资源保护工程的预期效果和目标。因此，制定天然林资源保护工程成效监测与效益评价标准，对于促进和保障天然林资源保护工程的顺利开展具有重要意义。

本研究通过借鉴国内外相关研究经验，深入系统地研究和完善天然林资源保护工程区综合效益评价的指标体系，并在调查研究的基础上，科学准确地评价天然林资源保护工程所产生的生态、经济和社会效益，客观反映天然林资源保护工程的运行质量。这对于进一步制定相关政策、运作阶段性目标任务、提高工程的整体效益具有十分重要的意义。

1.3 研究内容

本研究以天然林资源保护一期工程为研究对象，根据天然林资源保护工程区地理位置、自然生态环境的特点和社会发展水平状况，以区域可持续发展理论为指导，从恢复生态学、生态经济学、土壤化学角度出发，采用遥感影像宏观监测与地面调查微观监测相结合、自然环境因子调查与社会经济因子调查相结合的方法，对天然林资源保护一期工程的生态、经济和社会综合效益进行效益监测和全面、系统的评价，并分析天然林资源保护工程实施前后森林资源的变化情况，提出治理对策，为改善我国的生态环境提供理论和技术支撑。本研究对我国不同区域的天然林资源保护工程的生态恢复与经营效果的正确评价具有重要意义，对于不同规模的天然林资源保护工程措施效果分析具有重要的参考价值。本研究有利于提高我国林业工程的科技含量，有利于科学有效地保护和恢复我国的森林生态系统及其生态系统服务功能，还将为国家制定天然林资源保护工程的相关政策提供科学依据。主要研究内容包括以下几个方面。

(1) 天然林保护工程区主要生态因子的监测与动态变化趋势分析。以分布在我国天然林资源保护工程区的森林生态系统长期定位研究站为基础，系统分析各主要站点逐年的生态因子监测数据，分析天然林资源保护工程实施前后主要生态因子和森林综合生态状况的变化趋势，揭示天然林资源保护工程对区域生态环境动态变化的影响规律。

(2) 天然林资源保护工程区生态因子研究。以我国天然林资源保护工程区为对象，系统收集资源（包括森林、土地和气候等）的监测数据，特别是实施天然林资源保护工程前后的资源情况，分析土地利用和植被覆盖及其景观格局变化、天然林资源保护工程区群落特征变化、天然林资源保护工程区土壤恢复效果、天然林资源保护工程区水文效应等，揭示资源的动态变化趋势，阐明天然林资源保护工程对资源状况的影响规律。

(3) 天然林资源保护工程的生态效益评价。在上述工作的基础上，利用《森林生态系统服务功能评估规范》（LY/T 1721—2008）的行业标准，采用价值计量法对天然林资源保护工程生态效益评价，定量评价天然林在涵养水源、保育土壤、固碳释氧、积累营养物质、净化大气环境及生物多样性保护6个方面的生态效益；研究评价基本单元（如经营单位）及其随尺度（如林管局区域或大工程区与全国范围）变化规律；定量评价天然林资源保护等林业工程实施前后、实施的不同时期以及不同的工程措施等对上述生态系统服务功能的影响，综合评价我国天然林资源保护工程的生态效益。

(4) 采用层次分析法对内蒙古天然林资源保护工程综合效益进行评价研究。在本研究中，运用综合效益评价的指标体系，采用价值计量的方法对天然林资源保护工程进行综合效益评价研究。

生态效益评价：森林具有多种多样的功能，为人类提供的生态服务也是多种多样的。由于各地自然条件的不同，森林的种类也千差万别。因此，在森林生态服务价值评价中，各地所包括的内容也不尽相同。本研究从涵养水源、保育土壤、固碳释氧、积累营养物质、净化大气环境、森林防护、生物多样性、森林的景观游憩等方面进行评价。

经济效益评价：评价天然林资源保护工程实施前后地方政府、林业企业和职工的收入变化、林农收入的变化，以及天然林资源保护工程实施后带来的直接经济效益、间接经济效益。本研究主要从林木产品效益、林副产品效益、职工年均收入、林业产品总产值的增长率、产业结构变化、投资利用率等方面进行评价。

社会效益评价：社会效益指由于森林资源本身的存在或者在开展林业生产过程中，为社会提供的贡献，反映了森林所产生的间接效益和影响，包括对经济发展、社会的进步与稳定，人民的健康、文化教育及精神生活改善等方面的促进作用。本研究从林业在区域经济中的比例、林业职工就业率、公众对天然林资源保护工程的认识度、恩格尔系数等方面进行评价。

(5) 天然林资源保护工程问题与措施研究。在本研究中，采用调查研究的方法，对天然林资源保护工程的一、二期工程进行实施情况进行调研，即内蒙古重点国有林区天然林资源保护工程区，分析天然林资源保护工程建设成效，分析天然林资源保护工程的生态效益和经济效益、社会效益。根据分析结果及天然林保护工程的综合效益评价，分析研究天然林资源保护工程的相关问题，并针对这些问题，提出相应的恢复对策与保护措施。

1.4 研究方法

1.4.1 森林生态环境效益评价的方法

以森林生态服务及其价值理论为指导,确立天然林资源保护工程区森林生态系统服务类型与主要森林生态系统类型,在对森林生态系统服务功能机制研究基础上筛选出森林生态系统服务功能的评价方法和评价指标。对天然林资源保护工程区综合效益进行评价,主要对生态、经济、社会效益评价。一般来说,目前,对森林生态环境效益价值量评价方法主要有以下几种(Adger et al., 1995)。

(1) 直接市场法。把环境质量看作是一个生产要素,环境质量的变化进而导致生产率和生产成本的变化,从而导致产品价格和生产水平的变化。而价格和产出的变化是可以观察到的,并且是可以测量的,而且是可以用货币价格(市场价格或影子价格)加以测算的,所谓直接市场法,就是直接运用货币价格对可以观察和度量的环境质量变动进行测算的一类方法。采用直接市场价值法,不仅需要足够的实物量数据,而且需要足够的市场价格或影子价格,但就目前而言,尤其在发展中国家,往往缺乏相关环境变化的基础数据,且市场价格经常是扭曲的,故采用直接市场法来评价森林环境价值存在较多的限制。直接市场法包括机会成本法、生产率变动法等。

机会成本法:边际机会成本法由边际生产成本、边际使用成本和边际外部成本组成。资源是有限的,选择了这一种使用机会就放弃另一种使用机会,也就失去了后一种获得效益的机会。使用一种资源的机会成本指把该资源投入某一特定用途后所放弃的在其他用途中所获得的最大利益。把其中获得的最大效益称为该资源选择方案的机会成本。边际机会成本法主要针对自然资源,在核算时既考虑使用者本人开发资源所付出的代价,又反映了资源开发对他人的影响以及后代由于不能使用该种资源所需付出的代价,比较客观全面地体现了某种资源系统的生态价值。但这种方法只适用于具有稀缺性的生态类型,而且涉及的条件比较多,不易操作。

生产率变动法:生态环境质量的变化对相应的商品市场产出水平有影响,因而可以用产出水平变动导致的商品销售额变动来衡量生态环境价值变动,即产出水平的变动量乘以产品市场价格或影子价格,来计算环境变化的效益和损失。

(2) 替代市场法。当研究资源环境没有直接的市场价格时,通过寻找替代物的市场价格来衡量。虽然所选替代物的市场价格是有效的,涉及的因果关系也是客观的,但替代物市场可能受多种因素共同影响,环境因素只是其中之一,因此消除其他因素对替代物市场价格的影响,是替代市场法面临的主要障碍。

恢复和保护费用法:恢复和保护费用法是根据保护和恢复某些生态功能所需费用而进行的生态功能评估,即当某一生态系统遭到破坏后恢复到原来状态所需费用,或者为确保某一生态系统不被破坏的费用。这种方法往往由于没有所需费用的先例而难以操作。如果资料齐全、费用清晰则该法是对服务功能评估效果较好的评估方法。

旅行费用法:通过观察游客的来源和消费情况以及各出发区游林率与相关社会经济条件,推出一条游憩需求曲线,求出"游憩商品的消费者剩余",以此作为游憩效用价值。费用支出法是用生态系统服务功能的消费者所支出的费用来衡量生态系统服务功能价值的方法。这种方法常用于对旅游文化娱乐功能的估算，通过旅游者在旅游活动中交通、观赏、食宿、购物等方面的花费，对生态系统的游憩功能进行评估。由于受许多社会因素的影响，这种方法并不能真正反映旅游者对于旅游区的支付意愿，而且这种方法也只适用于游客较多的地区。

资产价值法：资产具有多重特性，资产的价格体现着人们对其各种特性综合评价。在其他特性相同的条件下，环境质量的差异会影响到消费者对资产的支付意愿。同样影响资产价格。因此，在其他条件一致的条件下，可以用周围环境质量的不同而导致的同类资产价格差异，来间接反映环境价值。

影子工程法：又称替代工程法，是恢复费用法的一种特殊形式。影子工程法指在生态系统遭受破坏后，人工建造一个替代工程以行使原来生态系统的服务功能，用建造新工程的费用来估计森林生态系统被破坏所造成经济损失的一种方法。由于生态系给人类提供的产品或服务功能中许多属于没有市场交换和市场价格的"公共商品"，要对其进行价值评估首先要寻找这些产品和服务功能的替代市场和替代方式，再以市场上与其相同产品或服务的价格（影子价格）来估算其价值。例如，森林水分调节功能的价值可用其总水分调节量乘以修建单位蓄水量的水库的库容成本之积来估计。

（3）假想市场法。在替代市场都难以找到的情况下，人为创造假想市场来衡量环境质量及其变动的价值的一种评估方法。其主要代表方法是条件价值法，也叫意愿调查法。意愿调查法可以分为两类：一类是直接向调查对象询问对资源环境的支付意愿或接受赔偿的意愿；另一类是询问表示上述愿望的商品或劳务的需求量，并从询问结果推出支付意愿。具体包括无费用选择法、投标博弈法、比较博弈法和优先性评价法。假想市场法从理论上反映调查对象的支付意愿，在假设情况下采取的行动，而不是实际的市场行为。另外，意愿调查法还受调查对象环境意识、收入水平、受教育程度及调查者的态度等各方面因素影响，而使评价结果出现偏差。

条件价值法：也称问卷调查法、意愿调查评估法、投标博弈法等，属于模拟市场技术评估方法，它以支付意愿（WTP）和净支付意愿（NWTP）表达环境商品的经济价值。条件价值法是从消费者的角度出发，在一系列假设前提下，假设某种"公共商品"存在并有市场交换。通过调查、询问、问卷、投标等方式来获得消费者对该"公共商品"的 WTP 或 NWTP，综合所有消费者的 WTP 和 NWTP，即可得到环境商品的经济价值。例如，在估算中国森林生态系统生物多样性保护时，询问被调查者在特定的条件和情形下，若有机会获得这种产品或服务时，将如何为其定价，即调查被询问者对该产品或服务功能的支付意愿，最后将被调查者的支付意愿与其所处的社会经济条件和人口统计等方面的特性联系起来，进行可靠性检验，以确定其定价的合理性。可通过询问被调查者的支付意愿进行。

条件价值法已经演绎出若干种技术，其中一些常见于市场研究中，所有这些技术都试图弄清人们对待环境状况所赋予的货币值。在很多情形下，它是唯一可用的方法。根据获取数据的途径不同，条件价值法又可细分为投标博弈法、比较博弈法、无费用选择法、人力资本法和享乐价格法等。

投标博弈法：投标博弈法要求调查对象根据假设的情况，说出其对不同水平的环境物品或服务赔偿时意愿或接受赔偿意愿。投标博弈法被广泛应用于对公共物品的价值评估方面。

在实际应用过程中,投标博弈法又可分为单次投标博弈和收敛投标博弈。在单次投标博弈中,调查者要向被调查者解释要估价的环境物品或服务的特征及其变动的影响。

比较博弈法:又称权衡博弈法,它要求被调查者在不同的物品与相应数量的货币之间进行选择。在环境资源的价值评估中,通常给出一定数额的货币和一定水平的环境商品或服务的不同组合。该组合中的货币值,实际上代表了一定量的环境物品或服务的价格。给定被调查者一组环境物品或服务以及相应价格的初始值,然后询问被调查者愿意选择哪一项。被调查者要对二者进行取舍。根据被调查者的反应,不断提高(或降低)价格水平,直至被调查者认为选择二者中的一个为止。

无费用选择法:无费用选择法通过询问个人在不同的物品或服务功能之间的选择来估算环境物品或服务的价值。该法模拟市场上购买商品或服务功能的选择方式,给被调查者两个或多个方案,每个方案都不用调查者付钱,从这个意义上,对被调查者而言是无费用的。

人力资本法:又称工资损失法,是通过市场价格和工资多少来确定个人对社会的潜在贡献,并以此来估算环境变化对人体健康影响的损失。环境恶化对人体健康造成的损失主要有三个方面:因污染致病、致残或早逝而减少本人和社会的收入;医疗费用的增加;精神和心理上的代价。也就是说,如果一个健康的人在正常情况下,他参与了社会生产,创造了社会财富,在他对社会做出贡献的同时,他本人也获得一定的收入。但是,如果由于环境遭到破坏,他过早地丧失劳动能力或者死亡,那他对社会的贡献率为零,甚至是负贡献,从社会角度上看,这就是一种损失。这种损失,常以个人劳动价值作为等价估算。人力资本法是在假定人们完全没有趋避行为的情况下,用暴露人口的健康损害风险反映环境价值损失的方法,尽管该方法存在难以反映受害者的疾病痛苦等精神损失的缺陷,但它直接利用了市场信息,具有客观性强、应用价值较大的优点。

享乐价格法:享乐价格与很多因素有关,如房产本身数量与质量,距中心商业区、公路、公园和森林的远近,当地公共设施的水平,周围环境的特点等。享乐价格理论认为,如果人们是理性的,那么他们在选择时必须考虑上述因素,故房产周围的环境会对其价格产生影响,因周围环境的变化而引起的房产价格可以估算出来,以此作为房产周围环境的价格,称为享乐价格法。

1.4.2 主要生态因子研究方法

土地利用/土地覆盖变化研究的方法主要有遥感技术与GIS(地理信息系统)技术、数理统计及模型法三大类。

(1)遥感技术。多光谱与多时相是遥感图像的主要特征,遥感技术不仅可以迅速获取土地利用/土地覆盖信息,同时还可以清晰描述土地和土地覆盖变化的特征及其分布,因此遥感成为近年来国内外土地利用变化研究的主要手段。20世纪90年代以来,美国宇航局(NASA)与欧洲空间局(ESA)等国际遥感组织已经构建了系统的、比较完善的全天候、多尺度的对地观测体系。目前,利用遥感技术,通过人机交互式对卫星遥感图像进行解译、识别是开展土地利用和土地覆盖变化研究的重要动向。

(2)GIS技术。地理信息系统(GIS)具有强大的图像处理及制图功能,如果将遥感比喻为原料提供者,那地理信息系统便是一个大型的加工厂,遥感将载有土地覆盖信息的影像运输到GIS软件中,GIS通过多种应用模块将这些信息存储、整理后提取所需信息进行空间分析，从而对地表覆盖及其变化信息开展相应的研究。

（3）数据统计及模型法。构建模型是深入了解土地利用变化过程及原因的重要方法，主要分为系统诊断模型、土地利用动态变化模型与土地利用变化综合评价模型三类。其中，系统诊断模型包括基于经验的概念化诊断模型及基于统计数据的统计诊断模型，而土地利用动态变化模型在土地利用和土地覆盖变化研究领域运用最广，主要包括土地利用动态度、土地利用空间差异以及土地利用程度变化等，土地利用变化综合评价模型侧重于土地利用变化对生态环境的影响，主要包括区域水循环影响模型、生物多样性影响模型等。

1.4.3 比较分析的研究方法

以生态学理论、经济学理论、生态经济学理论为指导，通过国家建立的森林资源数据库，比较分析天然林资源保护工程区森林资源的动态变化，包括森林面积、森林蓄积量、森林资源结构、森林资源质量的动态变化。

1.4.4 选择典型区域进行实地调查和专家访谈的研究方法

通过典型调查、重点调查、个别调查、抽样调查等多种方法对天然林资源保护工程区建设现状进行调查。调查方法主要采用座谈和问卷调查的形式。调查内容重点对天然林保护一期工程建设成效进行调查，包括森林资源状况、产业结构、投资、就业以及生态状况等方面，资料来源于各调查单位的统计资料。利用收集的资料评价天然林资源保护工程的实施对内蒙古地区在生态、社会和经济等方面所产生的影响。评价指标包括就业人数、就业结构、林区道路与基础设施和相关产业的发展等社会效益方面，森林资源状况、水土流失、地表径流、小气候变化、生物多样性等生态效益方面，以及森工企业与地方林业系统的产值、利润、资产、负债、投资、职工收入、地方收入等经济效益方面。

1.4.5 层次分析法

层次分析法（AHP）是美国匹兹堡大学的萨蒂教授发明的一种定量与定性相结合的简单实用的多准则评价（决策）方法。AHP 的基本原理是将一个复杂的评价系统，按其内在的逻辑关系，以评价指标为代表构成一个有序的层次结构，然后针对每层的指标，运用专家的知识经验、信息和价值观对同一层指标进行两两比较，再运用数学方法计算各个指标的权重。

1.4.6 理论与实际相结合的分析方法

本研究在查阅并获取了大量资料和数据的基础上，阅读了大量相关的文献资料，并结合我国天然林资源保护工程的实践，汇总了多种评价方法、评价指标和评价结果，深入实地，调查了解内蒙古天然林的现状及存在的问题，对天然林资源保护工程落实情况及改进措施进行了深层次的分析。

第 2 章 国内外研究综述

2.1 研究现状

2.1.1 关于天然林资源保护工程综合效益分析的相关概念

（1）天然林。顾名思义就是天然起源的森林（臧润国 等，2005），包括原始林和天然次生林，具有天然起源和达到一定密度两个基本特征。天然林是在一定气候和土壤条件综合作用下，自然起源的以林木为主体成分的地带性森林植被。

（2）天保工程。即天然林资源保护工程。在我国，主要在长江上游、黄河上中游实施天然林资源保护工程，以及东北、内蒙古等重点国有林区实施天然林资源保护工程。

天保工程是我国在 1998 年洪涝灾害发生后，针对长期以来天然林资源过度消耗而引起的生态环境恶化的现实，中共中央、国务院从我国社会经济可持续发展的战略高度出发，确定了实施天然林资源保护工程的重大决策。该工程旨在通过禁伐天然林和大幅度减少商品木材产量，有计划分流安置林区职工等措施，解决我国天然林的休养生息和恢复发展问题（刘俊昌 等，2007）。

（3）生态效益。"生态效益"一词已得到社会广泛的认可，涵盖内容极多，对其更详细的定义来自世界可持续发展工商理事会（WBCSD）。WBCSD 及其创立者们通过研究发展了生态效益的概念，将其定义为："生态效益主要是指在具有竞争性的为满足人类需要和提高生活质量的货物和服务的传递中，通过生活循环环境影响和资源使用的强度会日益加强，在某个水平上要与地球估计的承载能力相协调。"

这个定义包括了五层含义：①强调了服务功能；②关注了生活需求和质量；③考虑了对生活循环的生产；④确认了对于承载能力的限制；⑤观察了推进的进程。

（4）森林生态功能。森林生态系统服务功能指森林生态系统与生态过程所形成及所维持的人类赖以生存的自然环境条件与效用（李文华 等，2002；傅伯杰 等，2001）。主要包括森林在涵养水源、保育土壤、固碳释氧、净化大气环境、积累营养物质、森林防护、生物多样性保护和森林游憩等方面提供的生态服务功能。森林生态系统服务功能评估就是采用森林生态系统长期连续定位观测数据、森林资源清查数据及社会公共数据对森林生态系统服务功能开展的实物量与价值量的评估。

生态系统服务功能也称为生态服务功能。其中，Daily（1997）和 Costanza（1976）等的定义有代表性。Daily（1997 年）给生态系统服务功能的定义是：生态系统服务功能指生态系统与生态过程所形成及所维持的人类赖以生存的自然环境条件与效用。Cairns

(1997) 又给生态系统服务做了如下定义：生态系统服务是指对人类生存及生活质量有贡献的生态系统产品和生态系统功能。Costanza（1976）定义为：生态系统服务是人类直接或间接地从生态系统功能得到利益。

（5）生态系统服务功能的分类。生态系统服务功能具有多功能性，不同学者对生态系统服务功能分类有不同的认识，存在较大差异。至今尚未有统一、公认的评估指标体系。

Costanza（1997）将全球生态系统服务划分为 17 类，包括大气调节、气候调节、干扰调节、水调节、水供给、侵蚀控制与沉积物保持、土壤发育、营养循环、废物处理、授粉、生物控制、庇护所、食物生产、原材料、基因资源、娱乐和文化。

2001 年，有学者将美国森林生态系统服务功能概括为 8 个方面：气候调节、水处理、食物生产、旅游、原材料生产、土壤保持、生物控制和文化服务功能。

"千年生态系统评估"则把生态系统服务功能划分为供给、调节、文化和支持四大类 20 多个指标。其中，供给服务包括供给食物、木材、纤维、遗传资源、生物化学物质、天然药材和药物、淡水等指标；调节服务包括调节空气质量、调节气候、调节水源、控制水土流失、净化水源、废物处理、控制疾病、控制病虫害、授粉、控制自然灾害等指标；文化服务包括精神和宗教价值、审美价值、休闲和生态旅游等指标；支持服务包括光合作用、养分循环、土壤形成、初级生产、水循环等指标。

2.1.2 国外相关研究与进展

2.1.2.1 国外对森林综合效益的研究

国外对森林效益的认识较早，在古希腊，柏拉图认识到雅典人对森林的破坏，导致水土流失与水井干涸。美国 Marsh 在 1864 年首次阐述了生态系统服务功能的作用。1902 年，Eetal 所著的《森林的影响》是一本最早的系统论述森林对环境作用的专著。

20 世纪 50—60 年代，苏联、美国等国家率先开展了对森林综合效益的研究。为了指导私有林主合理经营林业，美国国会还通过了《森林多效益方案》。20 世纪 70 年代，日本进行了森林公益效能的计量评价研究，使森林综合效益研究系统化。1972 年，日本林野厅估算了全日本森林生态功能价值。1973 年，日本林野厅通过发表"森林公益效能计量调查——绿色效益调查"报告，把森林效益分为七大效能（涵养水源、防止泥沙流失、净化大气、防止泥沙崩塌、保护野生动植物、保健游憩和消除噪声）。

美国学者 Vogt（1948）率先提出了自然资本的概念，随后 Vogt 就生态系统对维持社会经济发展的意义进行了研究。

国外对森林效益的研究非常重视并对此做了大量的研究，早期的研究都是对单一生态功能的评价。研究认为，爪哇在 1987 年因砍伐森林而导致水库、灌溉系统和港口淤积所造成的损失多达 580 万美元。Pearce 等（1990）曾经讨论了生物多样性经济价值评估的意义和方法。De Groot 等（2002）研究报道巴拿马每年每公顷森林的综合生态系统服务价值为 500 美元。Anderson 等（1995）指出，在亚马孙河流域热带森林中可可和橡胶的收成每年每公顷达 79 美元；Adger 等（1995）研究指出墨西哥每年每公顷森林综合生态系统服务功能价值为 80 美元。

20 世纪 90 年代初期，国外以旅行价值法和意愿调查法通过案例对森林生态系统服务功能的进行研究（Tobias et al.，1991；Munasinghe，1992；Dixon et al.，1994），并对全球生态系统服务与自然资本的价值，进行了尝试性估算。

日本学者在20世纪60年代，用市场替代法去描述森林的部分公益值。日本林野厅在1978年利用数量化理论多变量解析方法对全国7种类型的森林生态效益进行了经济价值的评估，评估价值为910亿美元，这相当于1972年日本全国的经济预算。

韩国科学家采用费用支出法和条件价值法对森林涵养水源效能、防止水土流失效能、净化大气效能、防止泥石流效能、游憩效能和保护野生动物效能等进行了评价。

印度采用资产价值法、总费用支出法和机会成本法分别对森林防止土壤侵蚀效用、水循环和调节湿度效用、保护土壤肥力效用、动植物栖息和保护效用、释氧效用、控制大气污染效用等进行了评价。

2.1.2.2 森林综合效益的评价指标的研究

国外对森林效益的评价方法和指标不尽相同，是在20世纪90年代随着可持续发展战略的提出，森林经营标准和指标体系的研究工作得到发展。并先后出台了蒙特利尔行动纲要（蒙特利尔行动纲要主要包括森林生态系统生产能力的维持5个指标，生物多样性9个指标，水土资源的保持与保护8个指标，森林全球生态系统健康和活力的维持3个指标，森林保护和可持续经营的法规、森林对全球碳循环贡献的维持3个指标，政策和经济体制20个指标）、赫尔辛基行动（赫尔辛基行动主要包括森林生态系统健康和活力的保持7个指标，森林资源的维持与适当的增长5个指标，森林生态系统生物多样性的保持、森林生产功能的维持与鼓励3个指标，森林管理方面、防护功能的保持和适当增强2个指标，保护和适当的增强7个指标，其他社会经济功能和条件的保持3个指标）和亚马孙行动（亚马孙行动主要包括政策与法规4个指标，国家水平的社会经济效益6个指标，森林覆盖与生物多样性保护8个指标，可持续森林的生产5个指标，科学和技术的支撑6个指标，水土资源的保护与综合管理4个指标，森林生态系统保护6个指标，地方社会经济效益9个指标，改进可持续森林生产5个指标，还有为全球服务的经济、社会和环境服务的7个指标）等，提出了评价森林可持续经营的八大进程和适合不同区域的评价标准和指标体系。

国际热带木材组织（ITTO）也提出了国际水平指标27个、林业经营单位水平指标23个。林业管理委员会（FSC）、林业政府间工作组（IWCF）、林业和可持续发展世界委员会（WSFSD）、印度-英联邦活动、国际林业研究中心（CIFOR）在1994年12月组织了在印尼、巴西、加拿大和非洲的林业可持续经营标准和指标实施示范（Richard et al., 1991；Maini, 1992）。

芬兰森林生态系统价值计算体系主要分为三个部分，一是森林经营、固碳数量、立木蓄积、生态数据、酸雨影响和森林游憩信息等项指标的森林资源实物量计算，二是森林生态指标、价格、质量指标、特殊用途指标和变量等项指标的森林质量标准计算，三是森林永续收益、森林保护成本、木材生长与用途和森林游憩价值等项指标的森林资源价值量指标计算。

法国对森林生态效益和社会效益的计算，主要包括涵养水源价值、保育土壤价值、固碳价值、生物多样性价值、森林游憩价值、净化空气价值和森林健康价值的评价指标计算。

2.1.2.3 国外林业重点工程的探索

面对环境资源不断恶化的问题，世界各国都在积极探索环境资源与社会经济协调发展的实践活动。

美国"罗斯福工程"。20世纪30年代，美国发生了一场罕见的特大风暴，持续刮了3 d。这场风暴席卷美国2/3的大陆，绵延2 800 km²，约6 000万 hm²耕地受到危害。究其成因，天然牧场过度开垦，中西部大草原遭到破坏。美国总统罗斯福为了治理逐渐恶化的生态环境，下令制订专门的防护林营造计划，该规划即"罗斯福工程"，于1934年7月11日由国会讨论通过。该规划投资7 500万美元营造防护林。到1942年，该工程8年植树2.17亿株，营造防护林带总长达28 962 km，有3万多个农场（庄）162万 hm²的农田受到保护（李世东，2004）。

法国"林业生态工程"。法国从1965年起，开始大规模兴建海岸防风固沙林、山地恢复、荒地造林等五大林业生态工程，这项工程促进了法国林业发展。

苏联"斯大林改造大自然计划"。苏联的南部草原区在19世纪初随着开垦面积的急剧扩大，植被迅速减少，生态环境恶化，农业灾害频繁发生。为了有效地遏止这种不断恶化的局面，1948年10月20日，苏联做出了"苏联欧洲部分地带部分草原和森林草原地区营造农田防护林，修建池塘水库，实行草田轮作，确保农业稳产高产计划"的决议，即"斯大林改造大自然计划"。该计划在1949—1965年营造防护林570万 hm²，营造8条总长5 320 km（总面积7万 hm²）的大型国家防护林带，在欧洲的东南部，营造了40万 hm²的橡树用材林。

印度"社会林业计划"。印度政府于1973年8月提出了"社会林业计划"，截至1980年底，印度造林面积达143万 hm²，占人工林总面积的45%；到1995年底，印度实施"社会林业计划"的已有17个邦（全国共26个邦），保护森林面积达到5 600万 hm²，占全国森林总面积的87.5%，而且，林业已经成为印度社会发展和农民生活的主要来源。

加拿大"绿色计划"。加拿大在20世纪70年代初将全国划分为39个自然区域，在每个自然区域内都建立国家公园。1990年加拿大又提出了持续经营森林的战略举措，开展大规模的植树造林活动。该项计划把加拿大16%的国土开辟成国家公园，取得了巨大的综合效益。据测算，加拿大国家公园产生的经济价值每公顷土地高达2 082加元，相当于同等面积小麦价值（735加元）的近3倍。

此外，还有北非五国的"绿色坝工程"、日本的"治山计划"、韩国的"治山绿化计划"、尼泊尔的"喜马拉雅山南麓高原生态恢复工程"和菲律宾的"全国植树造林计划"等（刘俊昌 等，2007）。

2.1.3 国内相关研究与实践

2.1.3.1 国内对森林综合效益的研究

我国对森林综合效益的评价与评价指标体系的研究，虽然起步晚，但是发展快。目前已经在理论体系的构建、评价方法的确立等方面取得了令人瞩目的进展，并得到了国内外学术界的认同。此外，对很多地方的森林资源进行了综合效益价值核算。

早期对森林综合效益的评价工作仅是借鉴国外的一些方法。《森林公益效能计量调查——绿色效益调查》《国外公益效能计量研究》和《森林综合效益计量评价》介绍了国际上在林业效益评价等方面研究成果，这对于我国进一步开展森林综合效益研究评价奠定了良好的基础。

1987年，李金昌等翻译了Repett的《挪威的自然资源核算与分析》《关于自然资源与折旧问题》及洛伦兹的《自然资源核算与分析》等研究报告，对我国自然资源有偿使用及价格问题的研究起了很大的推动作用。1988年，由哈弗斯密特等著，过孝民等翻译的《环境、自然系统和发展：经济评估指南》，介绍了评估环境质量价值的各种方法（过孝民 等，1990）。

1983年，中国林学会开展的"森林综合效益评价研究"，推动了早期中国森林综合效益评价研究。进入20世纪90年代，我国正式开始对森林生态效益进行评价。过孝民等（1990）使用综合总量分析方法，估算了我国20世纪80年代中期环境污染和生态破坏造成的经济损失。

孔繁文等（1994）在森林价值核算的理论基础、森林的实物价值核算、森林环境价值核算以及森林资源核算纳入国民经济核算体系等一系列问题上都进行了深入研究，并形成了中国森林资源核算研究的整体框架。孔繁文（1999）提出，既要对林地、林木、林区野生动植物这些有形的实物资产的价值核算，也要对无形的森林环境资产的价值核算。陈平留（1996）也指出，现行的森林资产核算，主要是对林地资产、林木资产、林区野生动植物资产进行核算。

曲格平（1992）对全国环境污染损失进行了评估研究。薛达元（1997）对长白山自然保护区生物多样性经济价值进行了评估研究。此后我国科学家对我国森林、草地、陆地、全国的生态系统服务进行了评价（欧阳志云 等，1999；蒋延龄 等，1999；陈仲新 等，2000；谢高地 等，2001）。

蒋延玲等（1999）估算了我国38种主要森林类型生态系统服务的总价值。周冰冰等（2000）详细介绍了森林资源价值，分为林地价值、林木价值、经济林价值、环境价值和社会效益，而环境价值又包括涵养水源、保土、固碳释氧、净化环境、防护价值、景观游憩和生物多样性。

侯元兆（1995）全面评估了中国森林资源防风固沙、涵养水源、净化空气价值，研究表明，森林的这三项价值是立木价值的13倍，也从此拉开了我国生态系统服务功能评价的帷幕。

聂华（1994）对森林生态服务价值的决定进行了研讨。2002年，其对森林环境价值纳入国民收入核算中的重复计算进行了系统的研究（聂华，2002）。也有研究者对环境污染损失计量、环境效益评价、自然资源定价、生物多样性生态价值等进行了研讨，所有这些都为生态系统服务功能价值研究提供了理论与实践基础。

李金昌（2002）论述了环境的整体价值、环境的有形实体价值、环境的无形价值和各种生态功能的价值，也提供了可操作性强的计量方法，并对我国森林生态系统进行了价值评估。将森林资源核算体系分为两方面：一是核算森林生产有机物的价值（包括木材及其他林产品，其他各种直接或间接来自光合作用的生物量）；二是森林的多种生态效能（如涵养水源、保持土壤、固碳释氧、森林游憩、生物多样性、森林净化环境）的价值。

赵景柱等（2000）对生态系统服务的物质量评价和价值量评价进行了比较研究，提出了采用这两种不同的方法对同一个生态系统进行评价，会得出不同甚至相反的结论，同时指出这两类评价方法也是互相促进和互为补充的。

谢高地等（2001）提出生态系统功能与服务的研究领域及发展趋势是：①不同生态类型的各种服务价值研究；②生态系统服务空间异质性研究；③包含非线性及阈值的动态地区

模型和全球模型；④改变账户系统和制定相应政策；⑤考虑生态系统服务损失的项目评估；⑥大规模的小幅度变化和小规模的大幅度变化边际研究。谢高地等（2001）在 Costanza（1997）在对全球各类型生态系统价值研究基础上，并结合我国的实际，采用问卷调查的方法，制定出我国生态系统生态服务价值当量因子表，该数据也成为我国利用遥感手段进行生态系统评价的基础。

傅伯杰等（2001）认为，大多学者缺乏对生态系统的产品、服务、健康与管理之间关系的深入探讨，因而难以指导生态系统评价行动及生态系统管理。

2.1.3.2 我国森林生态效益评价指标的研究

尽管国内对森林效益评价的指标体系研究尚不系统，但是已经形成并建立了一套完整的评价体系。

李卫忠（2003）在研究生态公益林及其效益的多样性时，提出公益林的效益应该包括生态效益、社会效益和经济效益三大内容，并设计出了生态公益林建设效益评价指标体系，包括 10 个指标、50 个影响因子。

康文星等（2001）从森林木材价值、水源涵养价值、固土保肥价值、改良土壤价值、净化大气价值等方面对湖南省森林的公益效能进行了经济评价。也有研究者从活立木价值、CO_2 的固定价值、水源涵养价值、水土保持价值、营林循环价值、污染物降解价值和病虫害防治价值等 7 个方面对长白山森林资源生态环境价值进行了评估。还有研究者采用了 Costanza（1997）的生态服务功能分类方法，对川西天然林生态服务功能进行了经济价值评估（何尤刚 等，2008；于英 等，2002）。

天保工程实施后，李怒云等（2000）就贵州省部分地区进行了天保工程对社会经济、生态环境建设、林业行业发展、产业结构调整、农民收入水平等方面的社会正负影响评价。陈钦等（2000）以重点国有森工企业为研究对象，研究了天保工程对其影响，并提出了相应对策。吴水荣等（2002）以四川省作为研究对象，进行了天保工程对生态环境、经济和社会影响评价，并对天保工程实施后不同利益主体代价和收益的影响进行研究。李周等（2004）在对天保工程存在问题的研究时，提出要建立天保工程效果监测评估体系等的对策建议。

中国林业科学研究院在 2008 年也制定了森林生态服务功能评估规范，共包括 8 个类别 14 个评估指标。

2.1.3.3 国内林业重点工程效益的评价

我国随着天保工程的实施，林业重点工程综合效益研究成为热点。

宋富强等（2007）以黄土高原退耕还林（草）为研究对象，分析退耕还林（草）工程对黄土高原地区生态环境和社会经济的影响，在研究中，选择了 8 个要素层，28 个评价指标，构建出黄土高原地区的退耕还林（草）综合效益评价指标体系。采用层次分析法（AHP），对该地区退耕还林（草）的综合效益评价。

周映梅（2005）根据自然、社会和生态环境的特点，选择了对经济、社会和生态环境影响较大的指标因子作为评价指标。确立了 54 个退耕还林（草）工程建设指标因子，其中生态效益系统 28 个，经济效益系统 11 个，社会效益系统 15 个，并采用专家打分法和层次分析法对退耕还林（草）工程效益进行监测和评价。

雷孝章等（1999）针对林业生态工程效益评价指标和评价标准选择的思路、方法、原则和权重的确立，进行了更为详尽的研究。

黄清芳（2002）对林业生态监测指标体系进行了更为详细的研究，并分为四层：第一层即比较完备的林业生态体系；第二层分为四个方面即资源指标、生态指标、经济指标和社会指标，第三、第四层就是具体的指标。

2.1.3.4 森林效益价值计量的方法研究

随着研究的不断深入，也形成了不同森林类型的区域与不同对象的估算方法（侯元兆，2002；张颖，2004；肖寒 等，1999；孙根年 等，2004；陈应发，1996；袁正科 等，2003；陈莉丽 等，2005）。运用的方法主要有影子工程法、市场价格法、支付意愿法、替代费用法。在具体价值估算中，可归纳为以下几种。

（1）林产品和林副产品价值估算方法。通常采用市场价值法来估算林产品和林副产品价值。计算方法是用区域内各林分面积乘以单位面积年均净生产量，再乘林产品和林副产品价格（张金池 等，1996，陈自新 等，1998，陈建平 等，2004）。

（2）涵养水源的价值估算方法。大多采用水量平衡法估算水源涵养量（陈长发，1994），而不考虑土壤渗漏量（袁正科 等，2003）。计算方法为水源涵养量乘以水价。水价有的用影子工程费用替代（吴钢 等，2001，肖寒 等，1999），有的用自来水价格替代（袁正科 等，2003）。

（3）土壤保持的价值估算方法。有的借助 Arc View 地理信息系统技术，运用水土流失方程修改值估算土壤保持量（欧阳志云 等，1996），用潜在土壤侵蚀与现在土壤侵蚀量的差值表示土壤侵蚀量（肖寒 等，1999），用替代法估算保土价值（徐篙龄，1988）。也有的用水土流失量定位观测差值，来估算其土壤保持量（袁正科 等，2003）。土壤养分流失量通常用土壤养分含量乘以土壤保持体积计算求得，价值计算用市场化肥价格替代（俞元春 等，1992）。

（4）固碳释氧的价值估算方法。森林生态系统固碳量通过光合作用固定 CO_2 的量减去呼吸作用放出 CO_2 的量（吴钢 等，2001），也有研究加上土壤微生物自身固碳量。固碳价值用固碳量乘以碳税率（Anderson，1990；Pearce，1990），或用造林成本法（肖寒 等，1999）来估算。森林生态系统在固定 CO_2 的同时放出相应的 O_2 量。O_2 的价值用医用 O_2 或工业 O_2 的价值估算（袁正科 等，2003）。

（5）净化空气的估算方法。吸收二氧化硫有的用植物最大吸收 S 能力与植物 S 的本底值之差来估算植物净化 S 的潜力（韩素梅 等，2002）。有的用植物 S 的含量来表示 S 的净化值（管东生 等，1998）。S 的净化价值有的用排污费标准乘以 S 的总净化量估算（袁正科 等，2003），也有的用近年污染治理工程中削减单位重量 SO_2 投资成本来算出森林生态系统吸收 SO_2 的价值（肖寒 等，1999）。

滞尘的价值估算方法：通常用抽样实测法估算滞尘量，运用替代费法以其削减粉尘的成本来计算其滞尘服务的价值（肖寒 等，1999）。

（6）积累营养物质的估算方法。用森林生态系统对养分的持留量来估算。运用市场价值法以养分持留量和平均化肥价格的乘积来计算积累营养物质价值（肖寒 等，1999）。

（7）森林生态旅游价值估算方法。景观游憩的全部价值包括消费者支出与消费者剩余两部分（Jim，2001；Gomez et al.，2001；Lutz et al.，2002）。消费者支出是指游客的实际支出费用，包括旅行费用支出、旅行时的花费和摄影、购物等其他费用。消费者剩余是指消费者自愿支出减去消费者旅游实际支出。也有的用费用支出法（陈应发，1996），调查给出不同层次游客的权重，按旅行费用、旅游时间价值、消费者剩余等费用推算并估算生态旅游服务价值的（吴楚材 等，1992，王连茂 等，1993）。

2.1.4 关于生态退化与生态恢复方面的研究

2.1.4.1 生态退化的研究

生态退化指自然因素、人为因素或两种因素的共同作用，导致生态要素和生态系统的基本结构和功能的破坏或丧失，稳定性或个体抗逆能力减弱，系统生产力下降（章家恩 等，1997）。

生态问题已经是一个影响人类生存和发展的主要问题，随着全球森林、草原生态系统的破坏，生态危机加剧。特别是近几十年来，森林资源的破坏，林地草原的大量开垦利用，城市土地的开发等，恶化的生态环境条件越来越严重地影响着经济发展和人类的生存（梁一民 等，1999）。

生态退化是目前全球所面临的生态恶化的主要环境问题，生态系统退化导致自然资源不断枯竭，生物多样性逐渐丧失，系统生产力及生态服务功能逐渐下降，不仅严重阻碍着社会经济的发展，而且水土流失、荒漠化、石漠化加剧，洪涝等自然灾害频发已经威胁到人类的生存和发展。

治理生态退化的措施很多，一类是从退化机理上去寻求解决问题的根本途径，减轻施加土地上的生态压力，如禁伐退耕休牧等，为内生性措施；另一类是从外部症状上来抑制退化过程，如植树种草等，为外加性措施。一般来说，前者见效慢，可治本；后者见效快，只能治标；两者结合起来，效果最好。退化生态系统是指在自然或人为干扰下形成的偏离自然状态的系统，其退化的内部机理是与自然系统相比，其种类组成、群落结构单一化，生物多样性锐减，生物生产力降低，土壤及其微环境恶化，生物间相互关系发生非良性改变（Daily，1997；Chapman，1992）。

2.1.4.2 生态恢复的研究

国际恢复生态学会先后对生态恢复提出过3个定义：生态恢复是修复被人类损害的原生生态系统的多样性及动态的过程（1994）；生态恢复是维持生态系统健康及更新的过程（1995）；生态恢复是帮助研究生态整合性的恢复和管理过程的科学，生态整合性包括生物多样性、生态过程和结构、区域及历史情况、可持续的社会实践等广泛的范围（1995）。生态恢复已成为人们研究和广泛使用的词汇，类似的还有植被改造、生态恢复与重建、植被再植、生物多样性恢复以及生态工程治理等。

植被恢复指运用生态学原理，通过保护现有植被、封山育林或营造人工林灌、草植被，修复或重建被毁坏或被破坏的森林和其他自然生态系统，恢复其生物多样性及其生态系统服务功能（William et al.，1987）。

目前，退化生态系统的恢复研究得到了创新和发展：一是跨越了多个学科多个研究领域、涉及不同的生态系统类型。二是景观恢复、多样性恢复和恢复生态学理论已经成为研究的热点（Chapman，1992；Sandro et al.，2006；Norman et al.，2000）。目前该研究多集中在北美、欧洲和大洋洲等地的发达国家。

早在 20 世纪 50 年代，我国就开始对退化森林生态系统进行观测试验和研究，尝试森林生态系统的自然恢复。

从 20 世纪 50 年代开始，我国学者在广东热带沿海侵蚀台地上，就植被恢复重建及其效益进行了研究，自此以后，国内众多学者陆续对森林生态恢复与重建的理论，恢复重建技术模式，以及恢复效益评价进行了相关的研究，发表了许多研究文献（李周 等，1984；余作岳 等，1997；包维楷 等，1998；郭晓敏 等，2002；宋乃平 等，2003；张厚华 等，2004；程积民 等，2005；赵良平，2007；李萍 等，2007）。

生态恢复就是为了遏制森林的退化状况，恢复森林健康的结构和功能。研究和构建森林生态恢复评价的指标体系和评价方法，合理地建立生态补偿机制，确定补偿标准与范围，制定生态补偿政策，也对于落实科学发展观，遏制森林退化，保护生态环境，促进生态建设与经济、社会可持续发展具有重要的现实意义（蔡晓明 等，1995；彭少麟，1996；任海 等，2004）。

就生态恢复效果的研究来看，大多专家学者认为自然恢复是生态恢复最好的方法，这主要依靠自然演替（如封山育林）来恢复已退化的生态系统。将森林及草原封闭起来，避免人类活动的过多干扰，增强植被（这里不包括植被在相互竞争中出现的退化现象）自然更新能力。对于已经遭受严重破坏的、自然恢复相当困难或根本无法恢复的植被群落，可以采用人工恢复。以往的生态恢复，主要采取人工造林和采伐迹地的更新，忽视了森林结构、功能的连续性和完整性，特别是忽视了生态系统的服务功能，生态恢复要考虑森林组成结构、演替变化与多功能效益，根据恢复目标和研究对象的不同采取着不同的方法和措施，将生态功能、社会功能与经济功能相统一，以实现森林恢复的健康性、稳定性为最终目标。

2.1.5 研究评述与发展趋势

2.1.5.1 研究评述

以往的研究在森林效益的分类、森林评价指标体系的设置和评价方法等方面都做了许多富有成效的工作，这为下一步开展相关工作的研究打下了坚实的基础。但是，由于对天然林认识的不足，森林效益的评价又极其复杂，就目前我国的研究现状来看，现有的研究工作还存在一些缺陷，主要有以下几点。

（1）对天然林的效益的复杂性认识不足。天然林的复杂性并不是简单地用生态效益、经济效益和社会效益来衡量，其经过几千年进化的生态系统，特别是优胜劣汰的种群，目前人们对其的复杂结构、功能和过程，还远远没有认识到它的潜在价值。这可以从人工林的生态健康中看出，有人通过统计得出"三北"防护林的一、二期工程成果已经被"天牛毁尽"的结论，直到现在天然林抵抗病虫害的能力人工林还是做不到的。更警示人们研究、认识和保护天然林的重要性。在这一方面，是很难评价的。

天然林复杂而优化的群落结构不仅孕育了丰富的生物多样性，有利于群落利用光能和其他环境资源，充分利用资源生态位，形成高的生物生产力，而且群落内野生动植物丰富，食物网复杂，对自然干扰（如风灾、病虫害等）具有很好的抗逆能力，形成了稳定的生态系统结构。天然林是森林长期进化发育而形成的，其稳定性是整个森林生态系统稳定性的重要基础，天然林的稳定性是由天然林生物物种的多样性和结构复杂性维系的。

(2) 对森林效益评价的复杂性认识不足。目前人们对森林生态系统的复杂结构、功能和过程以及生态过程与经济过程之间的复杂关系等还缺乏准确的定量认识，大多评价限于静态，缺乏对森林生态系统空间分布和动态变化研究。由于森林综合效益对森林资源的依赖性，森林资源的空间分布也决定着森林生态效益的空间分布和动态变化。这是现有评估的不足之处。

在目前我国学者对森林资源进行的评估，都缺乏对森林生态系统服务功能机制进行研究，不能真正地反映森林资源的动态变化；即使在已有价值评估研究中，森林资源价值计量在理论上存在着一些误区，主要是既不区分资源本身的价值和资源服务的价值，也不区分中间产品的价值和最终产品的价值，而是将各种形态的资源价值全部作为森林资源价值量，一并记入国内生产总值（GDP）。

(3) 缺乏系统、可靠的评价数据。在森林资源数据收集中，各地方的数据并不透明，而且在统计手段和方法上也会有出入，再加上一些地方弄虚作假使得这些数据没有可信度，本来调研表明，在20世纪80—90年代，生态破坏非常严重，但是在各种统计中，却没有显现出来。在计算方法上，有的效益可以直接计量、分析和评价，有些效益还需要较长一段时间，甚至有的效益还没有被人们所认识，也存在着重复计算问题。

(4) 评价不到位，缺乏多学科有机结合。天保工程综合效益评价是一个多学科的综合研究领域，涉及生态学、经济学、系统学等多种学科，特别是森林资源监测的相关数据是评价的基础，而且经济学理论与方法的创新是评价研究的主要手段。只有将这些学科进行有机结合才是做好评价的关键。

(5) 评价方法及其指标体系的不确定性。在评价方法上，缺乏科学有效的指标筛选方法，指标设计的主观性过大。评估理论与评价方法方面，大多直接利用国外的一些定价方法，由于缺乏具有普遍意义的评价指标体系或评价框架，使研究方法之间缺乏可比性，评价结果的无法衡量。

2.1.5.2 发展趋势

(1) 森林综合效益的研究。森林综合效益评价是生态效益、经济效益和社会效益的评价，是相互作用、相互影响的，在综合效益评价中，如何剔除其他方面因素的影响，如何确定标准值，这对森林综合效益评价的准确性至关重要，加强这方面的研究非常必要。

(2) 对森林综合效益评价的方法和手段有待改进。目前国内对森林综合效益评价研究的技术支持手段还较为落后，大多研究者采用地理信息系统进行监测与评估，由于其精度差，不能很好地分析、管理和应用所需的数据信息，难以做到动态管理与评估。按行政层级上报的数据水分过大，为此，在今后的研究过程中，还有待提高森林综合效益的评估手段与方法。

(3) 进一步加强对森林综合效益的评估结果在实践中的应用。尽管目前很多学者提出森林综合效益评价指标体系并对综合效益进行了计算。但是，很多未能够将评估的结果应用于实践中或对森林的合理经营提出合理的建议，今后有待于加强对此领域的研究。

2.2 研究发展趋势

从国内外的研究现状可以发现，对森林综合效益评价的研究，因其关注点不同而有所不同，在现有的森林综合效益评价中，由于评价地的情况不同，评价内容和评价标准也不同，其评价结果差别很大。正是由于当前缺乏科学规范的评价方法和评价标准等，因而造成的结果就是，森林综合效益评价或者缺乏深度，或者过于片面，或者流于形式，因而本研究力求客观、全面地评价天保工程的社会效益、经济效益和生态效益。

综合国内外的研究也可看出，随着人们对森林综合效益问题认识的深入，有关森林生态价值的研究也不断在广度和深度上扩展。但生态环境价值的理论基础不尽相同，评估所采用的方法有别，估算的结果相差较大，国际上还没有形成统一的、规范的生态环境价值评估方法标准和技术路线。目前中国有关森林生态环境价值的基础理论还很不完善，由于受传统价值观念的影响，生态环境价值还没有被广泛接受，森林资源环境估价研究与国际水平仍有相当差距。

在退化生态系统的恢复治理的国内外研究中，可以得出：采用内生性措施，即从退化机理上去寻求解决问题的根本途径，减轻施加土地上的生态压力，如禁伐退耕休牧等，虽然见效慢，但可以治本；采用外加性措施，即从外部症状上来抑制退化过程，如植树种草等，虽然见效快，但只能治标。两者结合起来，标本兼治，效果最好。

第3章 天然林资源保护工程生态效益评价体系与评价标准

3.1 天然林资源保护工程生态效益评价指标体系概述

3.1.1 天然林资源保护工程生态效益评价体系的常用概念

3.1.1.1 生态系统服务功能概念

生态系统服务功能的概念发展历程如下。

1864年，美国学者George Marsh在其著作《人与自然》中就曾对"资源无限"这个长期以来的认识错误提出了质疑与批评，他提出空气、水、土壤和各种动植物都是大自然赐予人类的宝贵财富。但是由于当时处于工业革命时期，他的研究没有得到重视。

1935年Tasley提出了生态系统的概念。在随后的几十年中，生态系统理论得到了进一步的发展和完善，人们在研究生态系统结构与功能的同时，也开始重视生态系统与人类相互关系的研究。生态系统概念为生态系统服务功能概念的提出奠定了科学基础。

20世纪40年代，Aldo Leopold就认真思考了生态系统向人类提供服务的问题，提出了"健康的土壤是被人类使用但其功能没有降低的土壤"的观点。

1960年《寂静的春天》的发表，给人类敲响了生态危机的警钟。学者们从不同学科角度对生态系统与人类的关系展开了大量的相关研究。

1972年，著名生态学家P.Ehrlich在研究生态系统对土壤肥力与基因库维持的作用以及生物多样性的丧失对生态系统的影响时，首次使用了"生态系统服务"一词，随后生态系统服务成为一个科学术语被人们所引用。

1992年，Gordon Irene的《自然服务》一书论述了不同生态系统给人类生产生活带来的影响，成为第一本系统论述自然为人类服务的著作。

1997年，Daily等在生态系统服务研究的标志性著作 *Nature's Service*: *Societal Dependence on Natural Ecosystems* 中对生态系统服务定义，认为生态系统服务指"自然生态系统及其物种所提供的能满足和维持人类生活所需要的条件和过程"。

1997年，Dairns将生态系统服务定义为：对人类生存和生活质量有贡献的生态系统产品和生态系统功能。该定义认为只有对人类是有贡献的功能才属于生态系统服务，生态系统服务体现的主体是产品和功能。该定义尽管与Daily（1997）表述有所不同，但基本实质是一致的。

2005年出版的联合国千年生态系统评估编写组编写的《生态系统与人类福祉》（综合报

告）认为："生态系统服务是人类从生态系统中所获得的收益。这些收益包括生态系统在提供食物、水、木材以及纤维等方面的供给服务；在调节气候、洪水、疾病、废弃物以及水质等方面的调节服务；在提供消遣娱乐、美学享受以及精神收益等方面的文化服务；在土壤形成、光合作用以及养分循环等方面的支持服务。"

可见，生态系统服务的内容广泛而丰富，它一般指生命支持功能（如净化、循环、再生等），而往往不包括生态系统直接功能和产品。但随着经济发展和研究的深入，多数人主张把生态系统提供的商品和服务统称为生态系统服务。因此，生态系统服务概念为"生态系统与生态过程所形成的人类赖以生存的自然环境条件与效用"已被多数人接受。而生态系统服务功能与生态系统服务有着本质区别，生态系统服务功能为生态系统与生俱来的各种能力，与人类存在与否或是否受益没有任何关系。

生态系统服务是人类在生态系统收益的程度。生态系统服务来源于生态系统服务功能，通过功能表现，基于功能产生。生态系统服务功能是生态系统服务的基础和表现形式。有了服务功能才能有了服务的可能。

3.1.1.2 生态系统服务功能的内涵

生态系统服务功能主要包括向社会经济系统输入有用物质和能量、接受和转化来自社会经济系统的废弃物，以及直接向人类社会成员提供服务。与传统经济学意义上的服务不同，生态系统服务功能只有一小部分能够进入市场被买卖，大多数生态系统服务功能是公共品或准公共品，无法进入市场。生态系统服务功能以长期服务流的形式出现，能够带来这些服务流的生态系统是自然资本。

目前，生态系统服务功能包括多种指标，可以概略地分为两大类。一类是生态系统产品。例如，为人类提供食物、原材料、药品等可以商品化的功能，表现为直接价值。另一类是支撑与维持人类赖以生存的环境。例如，气候调节、物质循环、水文稳定、净化环境、生物多样性维持、防灾减灾和社会文化等难以商品化的功能，表现为间接价值。

生态系统服务功能是可以描述、测度和估价的，根据 Costanza 等（2007）的总结，从宏观生态学角度，生态系统服务功能主要包括太阳能的固定与转化、有机质的生产与生态系统产品、生物多样性及进化过程的维持、调节气候、稳定水文及防灾减灾、保持和改良土壤、传粉与种子的扩散、控制有害生物、净化环境、调节物质循环、文化娱乐源泉、生物多样性保护等方面内容。

3.1.2 国内外评价体系和评价指标的分析

3.1.2.1 国外评价指标的研究

1978 年，日本林野厅利用数量化理论多变量解析方法对全国 7 种类型的森林生态效益进行了经济价值的评估，其价值为 910 亿美元，相当于 1972 年日本全国的财政预算。

研究显示，爪哇在 1987 年因砍伐森林导致水库、灌溉系统和港口淤积所造成的损失达 5 800 万美元。

De Groot 等（2002）研究报道，巴拿马每年每公顷森林的综合生态系统服务价值为 500 美元（包括使用价值和非使用价值）。Adger 等（1995）研究指出墨西哥森林综合生态系统服务功能的价值为 80 美元/hm^2。

Costanza 等（1997）研究认为森林生态系统所提供的服务功能价值就占到了当前全球国民生产总值（GNP）的 26.1%。

喀麦隆对热带雨林的效益计量约为 60 亿美元（不包括未来效益和物种存在效益），其中，热带雨林的保护水域和土壤等的效益就占 68%。

2001 年，有学者将美国森林生态系统服务功能概括为 8 个方面：气候调节、水处理、食物生产、旅游、原材料生产、土壤保持、生物控制和文化服务功能，并提供了其价值的货币化估算结果。

3.1.2.2 国内评价指标的研究

我国自 20 世纪 80 年代开始森林生态系统服务功能及其价值评估研究工作，其大多数研究是借鉴国外的一些方法。1982 年研究者利用影子工程法、替代费用法估算云南怒江、福贡等县森林每年保护土壤和涵养水源的价值分别为 2 310 元/hm^2 和 2 130 元/hm^2。1983 年，中国林学会开展了森林综合效益的研究。1984 年吉林环境保护所等单位参照日本的方法计算了长白山森林 7 项生态价值中的 4 项，其结果（92 亿元）是当年所产 450 万 m^3 木材价值（6.67 亿元）的 13.8 倍。侯元兆（1995）全面地对中国森林资源涵养水源、防风固沙、净化空气价值进行了评估，拉开了我国生态系统服务功能评估的帷幕。所有这些都为生态系统服务功能价值研究提供了理论与实践基础。

3.2 天然林资源保护工程区生态因子的观测研究

本研究的天保工程区生态因子的数据主要来源于我国建立的森林生态定位站，在此进行观测研究得到的数据。本章重点对天保工程区评价标准体系进行研究。

3.2.1 森林生态定位研究站

3.2.1.1 生态定位研究站建立的目的意义

森林生态系统具有多种生态功能，实现对生态平衡、生态安全、生物资源和生存环境的保护，对社会经济可持续发展起着举足轻重的作用。当前，国家提出了科学发展观和构建和谐社会等一系列重大发展战略，对林业发展提出了更高的要求，森林的地位和作用正在发生着重大的变化。森林是实现人类与自然和谐关系的纽带，关系国家的生态安全，包括人与自然之间、自然与自然之间以及自然界内部的和谐发展。生态系统定位观测与研究是国际上通用的研究、揭示生态系统的结构与功能变化规律而采用的重要手段（王兵 等，2003），同时也是获得全球变化与陆地生态系统相互作用等数据信息的重要方法。

随着定位研究的发展，人们对定位研究的认识已经有了质的飞跃，意识到把分布在典型地带的生态定位站通过观测内容和方法的规范和统一，实现数据的网络化和共享，可将这些站点的长期观测结果在空间上进行耦合，并进行相应的时空尺度转换，就能够得到反映整个区域的生态环境的时空变化规律和趋势。这些结果将为国家或地区的宏观决策提供有力的科技支撑。而标准化、规范化建设是生态站实现联网观测、比较研究和数据共享的前提，是保障森林生态系统定位研究规范有序运行的必要条件，是提升森林生态系统定位观测数据质量和成果质量的重要保证。

森林生态系统定位研究的标准化作为林业标准化体系的一部分，是林业生产发展的必然趋势。森林生态系统定位研究的标准化研究是近年来森林生态系统研究领域的新方向，而把这些标准化的规范构建成一个标准体系更是前所未有的全新课题。为此，开展深入的研究十分必要和可行的。目前，森林生态系统观测研究网络的发展迅速，而且森林生态系统定位研究的学科专业性很强，涉及水分、土壤、大气、生物等诸多专业领域，但相关标准的缺乏造成了不同生态站、不同人员对森林生态系统定位研究的理解和表达不统一，生态站建设和定位观测研究水平参差不齐，特别是基础设施、仪器设备及观测方法等方面的不一致，致使观测数据千差万别，难以进行比较，不能为国家决策部门所用。

因此，开展森林生态系统定位研究的标准化研究，并以此研究制定森林生态站建设、观测指标、观测方法、数据管理及数据应用等系列标准，构建科学合理的标准化体系，全面提升森林生态站的研究水平，采用多过程、多尺度的综合观测，积累高质量的数据，通过数据共享与联网观测研究，揭示森林生态系统的结构与功能的时空变化规律及其对环境的响应与适应机制，为国家生态环境建设和社会经济发展提供理论支持和数据服务。

3.2.1.2 我国生态定位研究站标准化的建立与规范

我国从20世纪50—60年代开始小规模的森林定位研究，尽管起步晚于发达国家，但中国森林生态系统定位研究网络（CFERN）在观测、研究、标准化等方面取得了一些重要进展。

1993年，国家林业局的中国森林生态系统结构与功能规律研究项目组为中国森林生态系统定位研究网络制定了一系列指标体系。涉及森林群落特征指标、森林生态系统生物生产力指标、森林生态系统养分元素循环特征指标、森林生态系统水量平衡观测指标和能量平衡观测指标。

1994年，我国生态学家结合多年的工作实践并借鉴当时国内外有关先进方法和技术，创造性地总结出适合于我国国情的森林生态系统定位研究方法，出版了《中国森林生态系统定位研究方法》。

森林生态系统定位研究的标准化是森林生态系统领域新的研究方向，国内外正处于探索阶段。伴随着森林生态系统定位研究网络的发展，特别是到2015年，森林生态站的数量将达到99个，森林生态系统定位研究的标准化日显重要。从2003年发布的《森林生态系统定位观测指标体系》（LY/T 1606—2003）第一项标准以后，由中国森林生态系统定位研究网络中心牵头，陆续制定了《森林生态系统定位研究站建设技术要求》（LY/T 1626—2005）、《热带森林生态系统定位观测指标体系》（LY/T 1687—2007）、《暖温带森林生态系统定位观测指标体系》（LY/T 1689—2007）、《干旱半干旱区森林生态系统定位观测指标体系》（LY/T 1688—2007）、《寒温带森林生态系统定位观测指标体系》（LY/T 1722—2008）、《森林生态系统服务功能评估规范》（LY/T 1721—2008）和《森林生态系统长期定位观测方法》，这些标准成为本研究中的主要内容。

我国建立的森林生态系统定位研究站是林业科学长期研究的基地，能为生态系统提供基础性、长期性的生态环境本底数据。森林生态站建设是开展定位观测研究的重要基础，是研究人员开展野外观测、样品测定、数据分析与处理以及生活、住宿的场所。

本研究以我国建立的森林生态系统定位研究站作为研究基地，在生态定位站确定区域的基础上选择测试点。选择要能代表该地区森林生态系统的主要类型，且能表征该地区水文、土壤、气象、植被及生境等生态环境特征，能够反映该地区森林生态系统的总体水平和发育程度以及森林的结构与功能等。此外，尽量选择在人为干扰小，交通、水电等条件相对便利的典型植被区域。这对于获取统一、规范的观测数据，提升观测数据的可比性、准确性等具有重要意义。

3.2.2 森林生态系统生态因子指标体系规范化研究

3.2.2.1 目的和意义

目前，世界各国的森林生态系统研究内容还仅局限于一个科学上约定俗成的大体相近的范围，观测内容和观测方法还不统一，缺乏统一的观测指标体系。在具体实施过程中，又因条件不同而各自有所侧重。各个森林生态站之间观测数据和研究成果的可比性较差，难以将森林生态系统的研究成果汇入更高层次和更加宏观的研究之中。根据国家科技发展规划部署，我国将在地球科学、天文学、生态与环境科学等领域建成一批重要研究基地，在统一的规范标准下，对资源环境要素进行长期、系统的观测和基本数据积累，并通过网络信息系统，提供信息服务，逐步实现数据共享。到2010年，建设和完善适应21世纪科学发展需要的规范化、标准化的长期观测和综合研究的野外试验站体系。

本研究的目的通过对森林生态系统观测指标体系的规范化研究，提高各森林生态系统观测数据和研究成果的可比性，为国家资源、环境管理政策的制定和天保工程的下一步实施提供科学依据。

3.2.2.2 指标体系的构建思路与方法

森林生态系统观测指标体系的构建是一项巨大的系统工程，涉及不同气候带、不同地区及不同领域，加上森林本身就是一个十分复杂的生态系统。建立森林生态系统观测指标体系是森林生态系统定位研究的关键，指标体系建立的好坏直接关系到观测数据获取的全面性、科学性和合理性。因此，构建森林生态系统定位观测指标体系时的思路和方法尤为重要。

（1）指标体系的构建思路。首先对国内外现有生态指标进行分析，分析提取出构成森林生态系统观测的所有要素，并采用分层式结构设计，其次对提出的所有要素，进行归类合并，划分层次和模块，进行逐层逐模块研究。最后依据标准化原则，对初步拟定的指标进行筛选和精简，提出反映其本质内涵的指标。

（2）指标体系的构建方法。森林生态系统观测指标体系的构建涉及很多学科。目前，筛选指标的方法主要有专家咨询法、层次分析法和频度分析法等。本研究采用专家咨询法和频度分析法，首先分析国内外相关标准和指标的制定情况以及国内外相关研究中涉及的指标，充分借鉴和参考国内外相关标准以及相关研究中使用的典型指标；其次结合森林生态系统长期定位研究的目标、内容和特点，提出全面反映其定位研究的目标、内容的指标。在此基础上，为保证指标体系质量，广泛征求专家意见，依据专家提出的意见进行修改。最后运用专家咨询法对指标体系进行论证，提出适用于全国范围的森林生态系统定位观测指标体系。

森林生态系统定位观测指标体系的研制是统一和规范森林生态站定位研究的前提。在制定适用于全国范围的观测指标的基础上，当在不同气候带以及特殊地区森林生态系统应用，会不可避免地出现一定的不足和缺陷。因此，在全国范围的森林生态系统定位观测指标体系的框架下，结合不同气候带森林生态系统以及特殊地区森林生态系统的特点，在标准化原则的指导下，构建满足区域特色的定位观测指标体系。

3.2.2.3 国内外标准和指标的分析

森林生态系统观测指标体系是森林生态效益评价的关键，指标体系建立直接关系到观测数据获取的全面性、科学性和合理性。森林生态系统定位观测指标体系的构建是一项巨大的系统工程。为此，本研究在查阅大量国内外相关资料的基础上，对国内外陆地生态系统长期研究网络的相关标准和指标进行分析比较。

（1）基于生态系统的生态观测和生物观测标准与指标体系之间的比较。生态系统的生态观测和生物观测标准与指标体系包括世界粮食及农业组织（FAO）全球陆地监测系统中的陆地生态系统监测系统的指标体系、英国环境变化网络（ECN）的监测指标体系、我国农业监测指标、中国生态系统研究网络指标体系和中国森林生态系统定位研究网络的指标体系。

上述这些标准和指标的体系不同，有些比较全面，但重点不明显（如全球陆地监测系统中陆地生态系统监测系统的观测指标内容）。有的指标较少，但理论性和系统性较强，可以采纳使用（如中国森林生态系统研究网络指标体系）。有些指标体系过于宏观，实际操作性差。中国科学院制定的中国生态系统研究网络指标体系针对我国各种生态系统而设计，对森林生态系统而言，指标不够全面，而且缺乏观测频度要求。

（2）基于森林保护和可持续经营的标准和指标体系之间的比较。森林保护和可持续经营的标准与指标体系包括温带和北方森林保护及可持续经营指标体系（蒙特利尔进程）、国际热带木材组织森林可持续经营标准与指标体系、赫尔辛基森林可持续经营的标准与指标以及附件中提到的塔拉波托（TaraPoto）倡议的标准与指标体系、非洲干旱区森林可持续经营标准与指标、近东地区森林可持续经营国家水平的标准与指标。

（3）全球环境监测系统（GEMS）的指标分析。全球环境监测系统（GEMS）的指标主要是对陆地生态系统和环境污染的监测，如涉及大气组成和气候系统，淡水和海岸污染，空气污染，食物污染，森林开发，臭氧层衰竭，温室气体增加等。本底大气污染监测网络（BAPMoN）创建于1969年，是GEMS帮助支持并发展的首批监测系统之一。BAPMoN通过基准站的监测提供除温度、湿度和风力等气象数据的观测外，还要连续记录如大气中的CO_2及其他温室气体的浓度、烟尘和特殊物质的含量、太阳辐射强度、N_2O和CO的含量、臭氧的浓度以及大气凝结核的密度等，有些站也测定降水的化学性质。同时还长时间对非洲、美洲、欧洲和亚洲的湖泊及蓄水池的监测数据的积累，记录了在过往30年中气温的不断升高。

全球陆地监测系统中陆地生态系统监测系统的指标体系、英国环境变化网络的监测指标体系等的标准和指标，都是把森林作为一个复杂的生态系统（而不是单一的木材生产者）来进行讨论，且都包含森林水文、森林土壤、森林气象、森林生物多样性、森林的生产功能、森林的保护功能（如水土保持）等要素。因此，作为研究森林水文、森林土壤、森林气象、森林生物、森林环境等动态变化规律的定位观测，以上这些标准和指标，特别是英国环境变化网络（ECN）制定的指标体系，为森林生态系统定位观测指标体系的构建提供了借鉴。

中国科学院制定的《中国生态系统研究网络指标体系》，是针对我国各种生态系统而设计。对于森林生态系统的长期定位研究而言，体系中提出的空气湿度、空气温度、地表温度、地温、地表水质状况、地下水位变动及水质状况、生物要素调查、土壤要素动态（N、P、K、Ca、Mg、S、有机碳、土壤含水量）、生物要素（植物、动物、微生物）等指标，对森林生态系统定位观测指标体系的制定具有一定的参考价值。

中国森林生态系统定位研究指标体系专门针对森林生态系统而设计，指标比较全面。在这些指标中，有的指标太细（如叶净同化率、干材生产的叶效率等），无法在全国范围内开展观测；有的指标又太粗泛甚至缺项（如森林土壤观测指标、森林健康指标、森林气象指标等），无法满足系统观测的需要。因此，不能系统地揭示森林生态系统结构与功能及其动态变化规律，但这些指标为森林生态系统定位观测指标体系的研制提供了重要的参考依据。

森林可持续经营标准和指标主要有三方面的功能：一是描述和反映任一时间（或时期内）森林经营的水平或状况；二是评价和监测一定时期内森林资源的变化趋势及速度；三是综合衡量森林生态系统及其相关领域之间的协调程度。它可以方便地为政府确定森林可持续经营进程的优先顺序，同时为决策者提供一个了解森林可持续发展进程有效信息的工具。

本研究从对森林生态系统影响最大的水文、土壤、气象、生物等研究，参考《森林生态系统定位观测指标体系》（LY/T 1606—2003）的观测指标，对天保工程区的生态因子进行长期观测、试验、样品采集等研究。

3.2.2.4 森林生态系统观测指标体系的研建

森林生态系统研究的目的在于阐明森林生态系统的结构与水热条件、物质循环和能量流动、生物量与生产力以及不同树种的种内和种间关系，为森林资源保护、合理经营利用、社会经济发展和环境建设提供科学依据。

森林生态系统观测指标体系指围绕森林生态系统研究目标，应用生态学原理，结合生物学和环境科学特点而研制的一系列可以测量或描述森林生态系统结构与水热条件、物质循环和能量流动、生物量与生产力以及不同树种的种内和种间关系的定量或定性指标。

森林生态系统是一个不断与外界（如相邻的森林、非林地、溪流生态系统的上下游和大气等）进行物质和能量交流的开放系统。森林生态系统内部包含着众多生命有机体（如植物、动物、微生物等），它们分布的范围上至林冠顶部，下至受生物过程影响的土壤底层。

本研究把森林生态系统观测指标体系划分为森林水文指标、森林土壤指标、森林气象指标、森林群落学特征指标和森林生态系统的健康与可持续发展指标。

（1）森林水文指标。森林水文研究是生态系统研究的重要组成部分，也是陆地水文学的一个研究领域。森林水文研究的重点是森林影响林地的水文现象、水文运动。作为森林水文观测指标至少要包括与森林中水分循环整个过程中有关的水分收入和支出的各项要素以及水分在森林的再分配和森林水文效应的内容。

森林的树种组成、群落结构和生物量差异影响到降水的再分配，改变水分循环和水量平衡各分量的数量变化和运动规律；森林生态系统的林冠层、枯枝落叶层和土壤层具有特殊的结构和功能，可以改变降水和径流的化学成分。森林水文指标设计水量观测指标（降水量、降水强度、穿透水、树干径流量、地表径流量、地下水位、枯枝落叶层含水量、森林蒸发散等）和水质观测指标。这些指标可以满足研究森林与大气降水、水量平衡、水源涵养和森林对水质影响等多方面信息的需要。

【水量观测指标】

林内降水量:林内降水量等于穿透降水量与树干径流量之和。

林内降水强度:单位时间内的林内降水量,称林内降水强度。表征林内降雨到达林地的强度,对于林地地面径流和水土流失有很大影响。

穿透水:指林外雨量(又称林地总降水量)扣除树冠截留量和树干径流量两者之后的雨量。

树干径流量:指降落到森林中的雨滴,其中一部分从叶转移到枝,从枝转移到树干而流到林地地面的雨量。

地表径流量:指降落于地面的雨水或融雪水,经填洼、下渗、蒸发等损失后,在坡面上和河槽中流动的水量。地表径流是地表水蚀的主要原动力之一,是洪水流量的主要成分。

地下水位:是表征地下水接受补给或向下排泄状况的动态指标,是森林水文效应及生态环境指标之一,对土壤含水率、植物生长、植物蒸腾耗水等有较大影响。

枯枝落叶层含水量:枯枝落叶层是重要的水文作用层,其含水量的变化对林内水分和能量的传输有重要影响,受林分类型、林龄、枯落物组成、所在地的湿润情况、降水特性等诸多因素的影响。

森林蒸散量:是森林水分平衡和热量平衡中的重要分量,它关联着生态系统的水分循环和能量流动,并进一步体现着生态系统的功能,是森林生态系统中极其重要的生态学过程。

【水质观测指标】

随着环境污染的日益严重,森林对水质的改善作用已成为森林水文的一个研究热点,森林水化学特征反映森林生长的一般生态条件和生理特性。大气降水直接反映当地湿沉降情况,同时还能间接地反映出当地受空气污染的现状。因为在降水过程中,雨水会吸附大气中和冲刷林冠层的污染物及尘埃,穿透雨和树干径流则反映了森林林冠和树干对湿沉降的缓冲能力与大气降水的反应情况。通过水质监测,能够反映营养物质在森林生态系统中的输入和输出过程。森林生态系统养分输入的一个重要途径是大气降水过程中的营养物质输入。大气降水一方面携带化学物质进入森林生态系统,另一方面淋洗或淋溶植物体枝叶和树干上的分泌物质,促进森林生态系统的生物物质循环。森林的养分流失状况可以通过对大气降水和地表水养分的比较进行估计。当林内雨和树干流进入林地后,又通过凋落物层和表土层上部的载持、吸附,在净化径流的同时也有一定的化学调节作用,从而改善了径流水质。

国内外很多大型生态研究网络比较重视水质的监测,如英国环境变化网络(ECN)主要开展降雨化学指标和地表水化学指标,涉及 pH 值、电导率、碱度、Na^+、K^+、Ca^{2+}、Mg^{2+}、Cl^-、SO_4^{2-}、NH_4^+、NO_3^-、Fe^{2+}、Al^{3+} 等方面的监测;FAO 全球陆地监测系统(GTOS)网络特征描述指标中的核心测量指标、辅助变量指标中的水文学指标包含有化学离子的水质指标;中国科学院的中国生态系统研究网络(CERN)在森林指标体系中包含地表水质状况、地下水质状况,水化学性质指标涉及 pH 值、碱度、总硬度、N、P、Na^+、K^+、Ca^{2+}、Mg^{2+}、Cl^-、SO_4^{2-} 等指标。

我国大约从 20 世纪 50 年代开始关注森林对水质的影响,20 世纪 70 年代后期开展森林与水质的测定,研究大气降水穿过不同的森林生态系统输出后,水的品质所经历的各种物理的、化学的及生物的作用机理,论述森林生态系统对水质元素的调节、吸附、过滤及贮存功能。

水质监测中开展重金属监测，对防治重金属污染，保障人体健康具有指导意义。因为重金属对森林植物的生长和发育有重要影响，当重金属含量超出森林植物耐受极限值时，会影响植物的生长发育。同时，重金属对动物和人体健康都有较大影响，重金属的污染与危害已经成为人类所面临重要的环境问题之一。

参考国内外大型生态研究网络的水质监测指标，结合森林生态系统的实际观测需求，在水质指标中设计了pH值、Ca^{2+}、Mg^{2+}、K^+、Na^+、Cl^-、SO_4^{2-}、CO_3^{2-}、HCO_3^-、总氮、总磷、NO_3^-以及微量元素和重金属元素指标。

（2）森林土壤指标。森林生态系统定位观测指标体系的构建时，一方面，国内外大型生态研究网络使用的指标是森林生态系统定位观测指标构建的选择依据之一；另一方面，森林土壤是森林生态系统定位研究的基本要素之一。指标的选择要能满足森林生态系统定位研究的目标和任务，本研究在森林土壤指标中涉及物理性质指标和化学性质指标。同时，考虑到森林枯枝落叶层是森林土壤的一个特有的特征层，故一并加入森林土壤理化指标之中。

【森林枯落物】

森林枯落物层是森林土壤腐殖质的主要来源，是土壤灰分物质循环的纽带，同时为栖息于该层中土壤微生物、动物等生命活动提供所需要的能量。凋落物的不断增加为高等植物提供了丰富的养分（特别是N、P、S）资源，并由此影响到腐殖质类型、土壤性状及土壤的形成过程。森林土壤枯落物层具有很好的保水性能，可保证土壤水的正常渗透，减缓地表径流、保持水土，防止土壤侵蚀，并起到防止或减轻土壤冻结等作用。

森林枯落物层的性质和储存量与树种组成、林分年龄、枝叶的数量、枝叶中单宁物质含量以及森林气候、土壤、水热条件、土壤动物、土壤微生物等有关。为便于野外测定，在该项指标中，只涉及枯落物层厚度指标。

【土壤物理指标】

在土壤物理指标中，主要考虑了土壤的颗粒组成、土壤容重、土壤总孔隙度、毛管孔隙度、非毛管孔隙度等指标，它们的状况可以反映土壤的水、气、热、肥状况和协调程度。

土壤容重：单位容积烘干土的质量。土壤容重与土壤质地有很大的关系。一般森林土壤的有机质含量较多，结构好，容重较小。根据土壤容重可以判断土壤的质地情况，并可以算出土壤的孔隙度。土壤容重可以作为土壤坚实度指标之一，而土壤坚实度是土壤结构和孔隙状况的综合反映。

土壤孔隙度：单位容积土壤中空隙所占的百分率。孔径小于0.1 mm的称为毛管孔隙，孔径大于0.1 mm的称为非毛管孔隙。土壤孔隙度是描述土壤孔隙状况的指标。土壤孔隙度的高低、空隙大小及分布情况决定着土壤水分的可贮存量和水分移动的速度。孔隙度越高，孔隙越大，其透水性越强。土壤孔隙度分为土壤总孔隙度、毛管孔隙度、非毛管孔隙度。

土壤颗粒组成：土壤中各粒级所占的质量百分比称为土壤机械组成，或称土壤颗粒组成。在自然界，土壤不是由大小相同的一种单粒组成，也没有两种土壤的机械组成完全相同。各种机械组成不同的土壤，它们的水、气、热、肥状况、物理机械性质、分散体系性质以及土壤团聚性等也各有差异。同时，土壤颗粒组成是划分土壤质地的重要依据。

【土壤化学指标】

土壤化学指标主要包括土壤酸碱度、土壤有机质、土壤矿质元素等。开展土壤化学指标的监测，对于正确评价森林土壤的化学性质，研究各种元素的存储、循环、种类、含量及状况等以及对森林的经营管理有着重要意义。

土壤酸碱度（pH 值）对土壤的肥力性质有较大影响，与植物营养有着密切的关系，它直接影响植物的代谢过程。土壤过酸或过碱都会引起酶和蛋白质的纯化和变性。土壤过酸使根部原生质胶体受到破坏，植物体内由单糖转变为蔗糖、淀粉和其他较复杂有机化合物的代谢过程受到抑制，严重时甚至引发植株的死亡。

土壤有机质是土壤固相物质的组成成分，是植物营养的仓库。土壤有机质在土壤的形成过程中，特别是在土壤肥力变化中起着重要作用，可以调节土壤的理化性质和生物状况，还可影响土壤的生产性能。因此，土壤有机质含量是森林土壤肥力的重要指标。

土壤阳离子交换量指土壤胶体所能吸附的各种阳离子的总量，其单位用"cmol/kg"表示，离子交换量是土壤缓冲性能的主要来源，阳离子交换量的大小，可作为评价土壤保肥能力的重要指标。

土壤的交换性钾、钠含量通常与成土母质性质和风化程度有关。强度风化的土壤，其交换性钾、钠大部分为氢、铝所交换，含量很低。

土壤交换性酸是对植物最有害的一种土壤酸度形态参考指标，它表明了土壤中交换性盐基被交换性氢和铝离子所代替。

土壤交换性盐基总量指土壤吸收复合体吸附的碱金属和碱金属离子（K^+、Na^+、Ca^{2+}、Mg^{2+}）的总和，通过测定土壤交换性盐基总量后，用阳离子交换量和土壤交换性盐基总量计算盐基饱和度。盐基饱和度的大小可作为土壤改良利用和分类的重要依据。

土壤碳酸盐的主要成分是碳酸钙，它对土壤酸碱度、养分状况、土壤胶体性状等有明显的影响。土壤碳酸盐含量也是土壤分类和用土改土的重要依据。

土壤矿质元素包括植物生长不可缺少的 N、P、K、S、Mg、Ca 等大量元素以及 Mn、Zn、B、Cu、Mo 等微量元素。这些元素主要来源于土壤中矿物质和有机质的分解，植物对各种元素的需求量不同。

土壤中 N 的形态可分为无机态和有机态两大类，但绝大部分为有机结合态。土壤中有机态氮要转化为无机态氮才能被植物吸收利用。无机态氮指铵态氮（NH_4^+-N）、硝态氮（NO_3^--N）等，有机态氮可分为水溶性有机氮、水解性有机氮和非水解性有机氮。土壤氮的供应情况可以用全氮含量、无机形态的硝态氮（NO_3^--N）、铵态氮（NH_4^+-N）以及对植物生长密切相关的水解性氮来表示。

P 是植物生长必需的三大元素之一，分为有机磷和无机磷。土壤中 P 大部分为缓效性状态存在，但如果土壤全磷含量很低，则可能导致供 P 不足，给植物生长带来不利影响。土壤有效磷是土壤有效养分中最为敏感的一个指标，且与植物生长状况相关。

K 是植物生长的必需养分之一，主要来自土壤含 K 矿物质。土壤中 K 从植物营养的角度可分为速效钾、缓效性钾和无效钾。测定土壤全钾含量可以了解土壤的供 K 潜力，土壤速效钾被大量用于土壤对植物生长供 K 能力的预测，土壤缓效性钾是速效钾的补给来源，可以使速效钾维持在适当的水平。当评价土壤的长期供 K 能力时，应考虑土壤缓效性钾的含量。

S 是植物生长所必需的中量元素。土壤中有效硫指土壤中能为植物直接吸收利用的 S。近年来随着社会经济的发展，一些地区大气中二氧化硫含量过高，导致酸沉降比较严重，给人类健康和生态环境带来了严重危害，导致植物生长衰弱、生物多样性退化。S 循环和平衡已经成为全球变化研究的热点之一。

土壤中的 Ca、Mg 主要是无机态，水溶性和代换性钙、镁是植物可以直接吸收利用的速效性钙、镁。

土壤的微量元素指动物和植物必需的微量元素。土壤中微量元素的高低会影响植物的生长和产量、质量等，进而影响人类和动物的健康。

(3) 森林气象指标。气象要素指能表征某一特定地段内气候特征的温度、湿度、气压、风、云、雾、降水等。气象观测的任务是对一定范围内的气象状况及其变化进行系统的、连续的观察和测定，以便为生态网络系统提供最基本的背景资料。

本研究在设计气象常规指标时充分考虑应该满足以下四个方面的要求：第一，森林小气候效应观测，包括森林对光照的影响；森林对温度、风和蒸发的影响；森林对湿度的影响；森林自身的蒸腾和蒸发（二者之和为蒸散）的规律以及森林对降水的影响。第二，森林的能量平衡观测（即森林对太阳辐射能的吸收利用和转化的规律），包括森林的净辐射、土壤温度等分量的变化规律。第三，结合森林水文指标的观测，可以了解森林的水量平衡，森林对大气降水的分配、转移、收支规律及其效应。第四，森林的动量平衡观测，包括森林对大气中的热量和水汽的影响等。

气象要素是森林生态系统重要的生态环境因子，在气象常规指标中，涉及天气现象、风、空气湿度、空气温度、地表面和不同深度土壤的温度、降水、水面蒸发、辐射、冻土等内容，本研究中所涉及的森林蒸发散的内容归纳在森林水文指标中。

(4) 森林群落学特征指标。森林植物群落指在特定的生境中，以林木为主体，包括与之相适应的其他植物在内的植物组合。

森林群落结构指标：森林群落的年龄、起源、平均树高、平均胸径、林分密度、树种组成、动植物种类数量、林分郁闭度、森林群落主林层的叶面积指数、林下植被的平均高和林下植被的总盖度是群落结构的基本特征。这些指标随着林龄的变化而变化，因此通过定期观测可以了解群落结构的动态变化。

森林群落乔木层生物量和林木生长量指标：森林群落乔木层生物量和林木生长量指标中，除涉及树高年生长量、胸径年生长量指标外，还有森林生物量指标。

森林生物量指在森林单位面积上长期积累的全部活有机体的总量，森林生物量可以反映森林与其环境在物质循环和能量流动上的关系，是整个森林生态系统运行的能量基础和研究生物生产力、净第一性生产力、碳循环、全球气候变化的基础（Brown, et al., 1990）。

森林生态系统生物量的构成主要包括乔木层、灌木层、草本层和凋落物层。其中，乔木层的生物量最大，一般分为地上的树叶、树枝、树干、树皮、果和地下的树根两部分进行生物量测定。在生物量指标中，涉及乔木层、灌木层和草本层植物的生物量，并考虑了这些乔木、灌木、草本植物地下部分生物量的内容。

森林凋落物量：林地凋落物现存量指单位面积的林地上所积累森林凋落物的干重。林地凋落物现存量是一个动态值，它受制于气候、地形、土壤和林分特征、生物群系和经营活动等的影响。

林地凋落物的生态学意义主要表现在四个方面：第一，林地凋落物是森林生态系统中养分的主要储库；第二，掉落物在林地表层形成的掉落物层，为土壤动物和微生物提供了栖息地、养分与能量的源泉；第三，林地掉落物层影响林内水分的再分配及水的物理特性；第四，林地凋落物影响森林树种的更新。

森林群落的养分：森林群落的营养元素含量主要指群落中植物体（枯死植物体和活植物体）中的营养元素的积累，是研究生态系统营养元素生物循环的重要组成部分。

根据森林生态系统定位观测的实际需求，设计 C、N、P、K、Fe、Mn、Cu、Ca、Mg、Cd、Pb 观测指标。

群落的天然更新：群落更新是一个重要的生态学过程，它对森林群落的结构、格局及其生物多样性都有深远的影响。对森林内更新幼苗幼树的树种、密度、数量和苗高等特征观测，有助于阐明森林的天然更新过程与机制，揭示森林天然更新规律及其与森林组成结构的关系，为森林合理经营及保护提供科学依据。

（5）森林生态系统的健康与可持续发展指标。森林生态系统的健康是森林能够维持其复杂性同时又能满足人类需求的森林生态系统的一种状态。随着认识和研究的不断深入，森林生态系统健康已经逐步发展成为包括林分、森林群落、森林生态系统等在内的一个复杂的系统概念，涉及系统内的关键生态组分和有机组织的保存，一定的时空尺度内对各种扰动能否保持着系统弹性和稳定性，研究内容包括森林生态系统的结构和功能的变化，物种多样性保护和森林资源的持续管理等，以及林火、病虫害、空气污染等方面。

在森林生态系统健康与可持续发展指标中，涉及以下几方面内容：病虫害的发生和危害、水土资源的保持、污染对森林的影响，与森林有关的灾害发生情况和生物多样性等。

病虫害的发生和危害：病虫害情况是森林生态系统是否健康的明显且重要标志。很多国际或地区组织制定的森林可持续经营标准和指标中均涉及病虫害的发生和危害。如温带和北方森林保护及可持续经营指标体系（蒙特利尔进程）、国际热带木材组织（ITTO）森林可持续经营标准与指标体系、赫尔辛基森林可持续经营的标准与指标、近东地区森林可持续经营国家水平的标准与指标、非洲干旱区森林可持续经营标准与指标，以及亚洲干旱区进程的标准和指标中同样涉及该方面的内容。

在森林健康与可持续发展指标中，借鉴国际上森林可持续经营标准和指标，涉及病虫害的发生和危害，包括有害昆虫与天敌的种类、受到有害昆虫危害的植株占总植株的百分率、有害昆虫的植株虫口密度和森林受害面积、植物受感染的菌类种类、受到菌类感染的植株占总植株的百分率。

水土资源的保持：水土资源保持包括林地土壤侵蚀强度和侵蚀模数。一些国际或地区组织制定的森林可持续经营标准和指标中涉及水土资源的保持。如温带和北方森林保护及可持续经营指标体系（蒙特利尔进程）、国际热带木材组织（ITTO）森林可持续经营标准与指标体系、亚洲干旱区进程的标准和指标等。

土壤侵蚀强度指土壤侵蚀形式在特定外营力种类作用和其所处环境条件不变的情况下，该种土壤侵蚀形式发生发展可能性的大小。土壤侵蚀强度是根据土壤侵蚀的实际情况，按轻微、中度、严重等分为不同级别。土壤侵蚀强度也称为土壤侵蚀潜在危险性。

土壤侵蚀模数表示单位面积和单位时段内的土壤侵蚀量，其单位为"$t/(km^2 \cdot 年)$"，是表征土壤侵蚀状况的重要指标。

污染对森林的影响：主要包括对森林造成危害的干、湿沉降组分和大气降水酸度的影响等方面。在污染对森林的影响中涉及大气降水酸度、污染对森林造成危害的干湿沉降组分、林木受污染物危害的程度等 3 项指标。这些指标既可以判别污染物的效应，也可以提供不同地区森林受污染的情况和使森林受污染的污染物的主要组分。

与森林有关的灾害的发生情况：森林生态系统经常受到生物和非生物因素的破坏。病虫害、环境污染、冻害、风害、干旱、火灾等的强度和频度常随环境的变化而变化。本研究结合我国灾情特点，在与森林有关的灾害的发生情况指标中涉及森林流域每年发生洪水、泥石流的次数和危害程度以及森林发生其他灾害的时间和程度，包括冻害、风害、干旱、火灾等指标的监测，一方面为研究这些灾害对森林造成的影响及其机制提供基础数据；另一方面对分析我国灾害的时空分布规律和灾害成因机制，寻求减灾对策具有重要意义。

生物多样性：是各种各样的生物及其与环境形成的生态复合体以及与此相关的各种生态过程的总和。本研究确定物种多样性指标的基本思路与国际上该项指标确定的思路基本上一致，具体指标包括国家或地方保护的动植物的种类、数量，地方特有物种的种类、数量以及多样性指数。

3.2.3 森林生态系统生态因子观测与数据处理方法规范化

3.2.3.1 目的和意义

森林生态系统观测研究方法的规范化，这不仅可以完善与统一我国森林生态系统野外试验站的观测方法和标准，使各站的观测更系统、更全面、更精确、更具可操作性，观测结果更具备科学性与可比性，为国家资源、环境管理政策的制定和实施提供科学依据，也为实现森林生态系统定位研究网络化奠定坚实的基础。

3.2.3.2 生态因子观测与数据处理方法的范畴

森林生态系统定位观测指标体系是森林生态系统长期定位研究的野外系统观测方法研制的范畴，即以森林生态系统在森林水文、森林土壤、森林气象、森林生物及其他方面的长期连续定位观测方法和技术要求。所采用方案指试验样品等进入实验室之前的一切长期观测指标、试验、样品采集、数据处理等方式与方法。

3.2.3.3 研建思路与方法

（1）研建思路。①充分借鉴国内外该领域现有的研究方法和相关标准，把握最前沿的观测方法，观测方法与研究相结合，野外观测系统按照生态系统结构和功能设置，把森林生态系统定位观测指标体系的观测指标全部融入系统解决方案中。②选取国内外能揭示森林生态系统水、土、气、生等方面的观测内容、观测与采样方法及数据处理等内容。③选取从观测内容到观测与采样方法，直至数据处理，都有能够真正反映森林生态系统水热条件、物质与能量的转化关系，反映森林生态系统结构与功能的规律。④所确定的观测方法要相对稳定，能够满足森林生态系统长期定位研究野外系统观测的需要。⑤在系统、科学、先进、稳定的原则下，强调观测方法要具有操作简便、有明确的内涵、易于掌握、可度量、可量化等特点。⑥伴随着我国的物力和财力逐渐增强，仪器设备的大量更新，新的观测技术和方法的涌现，所选择的指标体系要体现宏观指标和微观指标相结合原则，从不同尺度与角度反映森林生态系统发生、发展规律。

（2）研建方法。本研究首先从国内外相关研究方法和标准中，结合森林生态系统定位观测指标体系和新仪器、新方法，选择针对性、实用性和操作性强的方法。其次，为保证方法的科学性和可行性，广泛征求专家意见，对专家提出的意见进行修改。最后，运用专家咨询法对野外系统观测方法进行论证，提出森林生态系统定位观测的系统野外观测方法。

3.2.3.4 生态因子观测与数据处理方法的研建

本研究充分参考借鉴了森林生态系统野外观测方法的国内外最新进展，同时从中国森林生态系统定位研究网络（CFERN）所属森林生态站野外观测能力的实际情况出发，以生态学理论为基础，采用系统设计思路，针对野外观测研究的关键生态问题，从水文、土壤、气象、生物以及其他方面进行了分类。

（1）森林水文。森林水文方面包括：森林生态系统蒸散量观测、森林生态系统水量空间分配格局观测、森林配对集水区与嵌套流域观测和森林水质观测。

第一，森林生态系统蒸散量野外系统观测方法。测定蒸散的方法主要有水文法、微气象法和生理法等，每种方法都各有其适用范围。根据森林生态系统定位研究的特点，结合新仪器、新方法的使用，森林生态系统蒸散量野外系统观测确定了基于单木树干液流量、单个林分蒸散量和多个林分蒸散量的观测内容。

观测与采样方法如下。

观测场设置：单木树干液流量观测场应设在研究区域的典型林分内，地势平坦，植被分布均匀；单个林分蒸散量观测场土壤、地形、地质、生物、水分和树种等条件具有广泛的代表性，要避开道路、小河、防火道和林缘，形状应为正方形或长方形，林木在200株以上；多个林分蒸散量观测场的测量路径长度要包含或覆盖单木树干液流和单个林分蒸散量观测点所在的典型林分，且路径中心位置尽量位于森林小气候观测塔附近。

单木树干液流观测：应用热技术测定树干液流主要有热脉冲、热扩散和热平衡三种方法。本研究使用组织热平衡法（THB）和茎干热平衡法（SHB）开展树干液流的观测，以标准木法确定观测样木。

林分蒸散量观测：蒸渗仪法通过直接称量装有土壤植物体的容器得到蒸散值。

单个或多个林分蒸散量观测：本研究采用大孔径闪烁仪观测单个或多个林分蒸散量。

数据处理包括单木茎流系统数据处理、林分蒸散量观测系统的数据处理、单个或多个林分蒸散量观测系统的数据处理。

第二，森林生态系统水量空间分配格局观测。森林由于林冠、枯枝落叶层等截留大气降水，对大气降水进行重新分配。森林对降水的分配情况不同，它取决于林分组成、密度、林龄及所处的土壤、地形和气象条件。通过对森林系统不同层次水量空间分配格局的定位观测，可以定量评价森林生态系统对水文循环过程的影响，掌握森林生态系统对水量空间再分配的规律以及评价森林水源涵养、养分循环等水文功能，为森林生态系统养分循环、碳和氮循环等研究提供基础依据。

依据《森林生态系统定位观测指标体系》（LY/T 1606—2003）中的森林水文观测指标，结合森林对降水的分配特征，确定大气降水量、穿透降水量、树干径流量、枯枝落叶层持水量、地表径流量和土壤含水量等观测内容。

观测与采样方法如下。

观测场设置：根据观测内容确定观测场设置。在小流域内，以典型森林植被为基本观测对象，围绕典型森林植被林冠层、枯枝落叶层和土壤层，设置降水量观测点、地表径流场、坡面水量平衡场、树干径流和穿透降水观测样地、土壤水分观测样地。

仪器设备：根据观测内容选择观测设备，同时充分考虑设备的自动化程度，结合新仪器的应用，兼顾生态站的经济状况等方面确定仪器设备。为此，对于降水量的观测除采用自记雨量计外，选用目前较为先进的激光雨滴谱仪，对于野外土壤含水量的观测采用时域反射仪。

降水量观测：降水量观测包括布点方法及数量、观测设备安装和雨量计算。布点方法及数量如下。雨量观测点的布点方法和数量至关重要，集水区雨量观测点数量见表3-1。雨量计算主要有算术平均法、控制圈法、泰森多边形法和等雨量线法。由于森林生态系统大多为坡地，且区域面积及雨量观测站数量有限。为此，在面积较大的流域，最好采用泰森多边形法计算流域平均雨量，小流域采用控制圈法（加权平均法）。

表3-1 雨量观测点按集水面积的配置

集水面积	<0.2	0.2~0.5	0.5~2	2~5	5~10	10~20	20~50	50~100
雨量观测点数（个）	1	1~3	2~4	3~5	4~6	5~7	6~8	7~8

穿透降水量观测：主要有网格法和沟槽状雨器测定法，选择有代表性的位置布设雨量器。穿透降水量观测仪器采用自记雨量计和沟槽式收集器。

树干径流量观测：根据《森林生态系统定位研究方法》森林水文定位研究方法中森林对大气降水的截留等研究确定树干径流量观测树木的选取及数量、观测设备安装和树干径流量计算。观测安装采用径阶标准木法，调查观测样地内所有树木的胸径对树木进行分级（一般2~4 cm为一个径级），从各级树木中选取2~3株标准进行树干径流观测。

枯枝落叶层持水量观测：样方的选取及数量参照森林生态系统凋落物与粗木质残体系统观测。枯枝落叶的收集参照森林生态系统凋落物与粗木质残体系统观测。枯枝落叶层含水量转化为以"mm"表示的含水量多少，结合样方面积与水的密度，计算公式如下。

$$W_L = \frac{m_a - m}{\rho \cdot A_L} \times 10$$

式中：W_L为枯枝落叶层含水量，mm；m_a为样品总质量，g；m为烘干后样品质量，g；ρ为水的密度，g/cm³；A_L为样方面积，cm²。

枯落物持水量：依据《森林生态系统定位研究方法》森林水文定位研究方法，结合样方面积与水的密度确定其观测与计算方法，具体公式如下。

$$W_O = \frac{m_a - m}{\rho \cdot A_L} \times 10$$

式中：W_O为枯枝落叶层含水量，mm；m_a为样品总质量，g；m为烘干后样品质量，g；ρ为水的密度，g/cm³；A_L为样方面积，cm²。

地表径流量观测：地表径流场的选择、径流场及其附属设备布设参照前人研究方法。

坡面径流量观测：采用自记翻斗流量计和水蚀采样器测定坡面径流量。土壤含水量观测方面，目前实验室一般采用烘干法和野外观测时则采用时域反射仪法（TDR）。

烘干法：设置土壤水分观测样地，确定土壤含水量观测点的选取地点。土壤样品采集参考中国生态系统研究网络委员会（2007）《陆地生态系统土壤观测规范》来确定土壤样品的采集厚度。

时域反射仪法（TDR）：是新近发展起来的一种测定土壤含水量的方法，具有不破坏样本、快速、容易操作等优点，并可通过信息转换而达到数据自动采集的目的，因而也是为人们普遍接受的一种观测方法。

土壤中流量观测：根据观测经验确定土壤中流量观测方法，即有坡面水量平衡场土壤中流观测设备的，从地表径流集水槽下端混凝土浇筑的挡墙留有的水孔，用导管将地下径流引入量水器，进行观测。

第三，森林配对集水区与嵌套流域观测。依据森林配对集水区与嵌套流域观测的目的，确定降水量、水位、流量、径流总量、径流模数、径流深度、径流系数、泥沙量、水量和水温10个观测内容。

观测方法如下。

集水区的设置：参考《森林生态系统定位研究站建设技术要求》（LY/1626—2005）中对集水区的设置，选择在森林类型上具有代表性的一个自然闭合的封闭区，集水区与周围没有水平的水分交换却自然分水线清楚、底层为不透水层、地质条件一致、生物群落与周边更大范围的生物群落相一致，面积为1万~200万 m^2 的自然闭合小区。

配对集水区的设置：参考《森林生态系统定位研究站建设技术要求》（LY/1626—2005）中关于对比集水区的设置，建设林地和无林地两个或多个相似的场，其自然地质地貌、植被与试验区相类似，其距离相隔不远。

嵌套流域的设置：参考对流域总体规划部署的研究，以大流域套小流域、综合套单项、大区套小区的原则来考虑。

地下水观测点的设置：地下水观测点的设置主要参照水文测验学和流域水文学的方法。

观测方法使用流速仪在不同时期的实测，建立水位与流量的关系曲线。

森林配对集水区和嵌套流域降水量观测：在集水区与嵌套流域的空旷处布设带有数据采集器的雨量计，自动记录降水量和降水强度。雨量计的布设与安装和"森林生态系统水量空间分配格局"中的内容相同。

森林配对集水区与嵌套流域水位观测：参考水位计的说明书，结合观测经验，确定水位计的结构和原理、水位计的安装和布设、数据采集、数据处理。

森林配对集水区与嵌套流域流量观测：常用的观测设施有量水槽、量水堰及人工控制断面等。按照数据采集器的使用说明进行相应处理。

森林配对集水区与嵌套流域泥沙观测：包括悬移质观测与计算和推移质观测与计算。

悬移质采样器基本类型有两种，一种是瞬时采样器，如横臂式采样器；另一种是积时采样器，如瓶式采样器、调压积时式采样器和抽气式采样器。本研究选择横臂式采样器作为悬移质的采样设备。主要采用垂线上取样方法准确推算垂线平均含沙量。本研究参照《森林生态系统定位观测指标体系》（LY/T 1606—2003）对水质的观测频率，悬移质观测平水期每月观测1~2次，并规定了在清水时不予进行观测。

推移质采样器按用途可分为沙质推移质采样器和卵石推移质采样器两种。本研究选取沙质采样器为匣式采样器。对于粒径1.0~30.0 cm推移质，本研究采用卵石推移质采样器。在每根垂线上取样两次以上，取其平均值。为增加其观测精度，本研究在每根垂线上取样三次。推移质采样频率参见悬移质观测。

地下水位观测：在该研究的整体数据处理这部分选择径流总量、径流模数、径流深度、径流系数这四个主要内容作为数据。

第四，森林水质观测。通过对森林生态系统水质参数的野外长期连续观测，了解森林生态系统中养分随降水和径流的输入输出规律以及污染物的迁移分布规律，分析研究森林生态系统对化学物质成分的吸附、贮存、过滤及调节的过程，为阐明森林生态系统在改善和净化水质过程中的重要作用提供科学依据。

以《森林生态系统定位观测指标体系》（LY/T 1606—2003）中的森林水质指标为基础，结合国内外有关森林水质的最新研究进展与动态，参照《水环境监测规范》（SL 219—98），增加了电导率（TDS、总盐、密度）、溶氧、氧化还原电位、浊度（TSS）、叶绿素、蓝绿藻等观测指标。

观测与采样方法如下。

观测场设置：观测场设置包括了大气降水、穿透水、树干径流、地表径流、枯落物层水、地下水水质观测井、土壤渗漏水样品采集样地的设置等。大气降水、穿透水、树干径流、枯落物层水、土壤渗漏水样品采集样地的设置与"森林生态系统水量空间分配格局"观测场设置内容相同。地表径流样品采集的径流场设置与"森林生态系统水量空间分配格局"中径流场的选择内容相同。地下水水质观测井与"森林配对集水区与嵌套流域观测"中地下水观测点的设置内容相同。

观测方法目前森林水质观测方法主要有两种：野外定期采集水样，带回实验室，用离子分析仪测定；应用便携式水质分析仪，在野外定期定点现场速测。

林外大气降水采样：采样容器的数量和布设关系到采样数据的代表性和准确性，与"森林生态系统水量空间分配格局观测"中的内容相同。

穿透水采样：一个穿透降水收集器仅能收集它所处的很小面积的降水。为了考虑整个林分内穿透降水沉降的空间变化，必须使用足够数量的收集器。作为一个指导原则，在 30 m×30 m 的样地内，要用 10 个或更多个收集器；对于 50 m×50 m 的样地，需要用 10~15 个收集器。

收集器的摆放位置对整个林分穿透水应具有代表性。为此，收集器的摆放围绕着一些树木摆放（围树采样），或在样地内系统摆放（样地采样）。接收水样时，为去除果、枝、花瓣等杂物，采用 1 mm 滤网封口将其滤掉。

树干径流采样：布设 5~10 个树干径流采集容器，在不同直径和树冠大小等级上进行树干径流采样，每个类型选择 2~3 株标准树安装采样设备。树干径流采集容器应固定在样地内的样树上。树干径流采集容器应围绕树干放置，并离地面 0.5~1.5 m。应不能干扰样地上的其他监测活动，而且不伤害树木。

枯落物层水采样：在不同类型林地内分坡面上、中和下三部分，各取面积为 20 cm×25 cm 地被物样方 3 个。

地表径流采样：为确定从各种地理条件下地表和土壤中冲刷的无机物或森林雨水淋溶的养分物质，即对各种降水和径流水进行水质测定。

土壤渗漏水采样：本研究在地表下 5 cm、20 cm、40 cm、80 cm、100 cm、150 cm、200 cm 直至地下水位上 50 cm。

地下水水质观测：地下水采样在停滞的观测孔及水井中采样。地下水水质测量可采用便携水质分析仪按照其使用说明进行直接测量。

水样采集时间与频率：结合定位观测的特点，确定水样采集的时间与频率。对每次降水的各项水文要素（降水、穿透水、树干径流水、枯落物层水、土壤渗透水、地表径流水、地下水）都应采样，每种水样都要均匀混合后提取其平均值。

水样采集数量：根据森林生态系统养分循环定位研究方法确定水样采集数量。

样品登记与管理：水样采集后，应根据测定项目进行分装，并在采样过程中要将每个样点的调查与采样情况进行填表记录，填写水样采集记录表。

样品处理：根据不同样品的检测要求确定其样品处理方式，采样期间和采样后将采样瓶放在阴凉条件下。

（2）森林土壤。森林土壤方面包括：森林生态系统土壤理化性质观测，森林生态系统土壤有机碳储量观测，森林生态系统土壤呼吸观测，森林生态系统土壤酶活性、微生物及动物观测，森林生态系统根际微生态区观测和森林冻土观测。

第一，森林生态系统土壤理化性质观测。根据《陆地生态系统土壤观测规范》（中国生态系统研究网络科学委员会，2007）和《森林生态系统定位观测指标体系》（LY/T 1606—2003），确定土壤物理性质和土壤化学性质研究的重要指标。

参考上述研究，确定土壤物理性质的观测内容包括土壤层次、厚度、颜色、湿度、结构、机械组成、质地、密度、含水量、总孔隙度、毛管孔隙度和非毛管孔隙度等；土壤化学性质的观测内容包括土壤pH值、阳离子交换量、交换性钙和镁（盐碱土）、交换性钾和钠、交换性酸量、交换性盐基总量、碳酸盐量（盐碱土）、有机质、水溶性盐分总量、全氮、碱解氮、亚硝态氮、有效磷、全钾、速效钾、缓效钾、全镁、有效态镁、全钙、有效钙、全硫和有效硫等。

观测与采样方法如下。样地选择：样地选择结合森林生态系统土壤定位观测的特点确定样地选择。样地应选择在典型优势种组成的区域，并包括森林变异性的宽阔地带，不宜跨越道路、沟谷和山脊等。在确定采样区之后，根据森林面积的大小、地形、土壤水分和肥力等特征，在林内坡面上部、中部、下部与等高线平行各设置一条样线，在样线上选择具有代表性的地段，设置 $0.1 \sim 1\ hm^2$ 样地。同时分别设置 $3 \sim 5$ 个 $10\ m \times 10\ m$ 乔木调查样方、$2\ m \times 2\ m$ 灌木调查样方和 $1\ m \times 1\ m$ 草本调查小样方。

森林生态系统一般至少需要3个重复。采样点数量参考《陆地生态系统土壤观测规范》（HJ/T166—2004）和《土壤环境监测技术规范》（HJ/T 166—2004）确定。公式如下。

$$N = t^2 S^2 / D^2$$

式中：N 为采样点数；t 为在设定的自由度和概率时的值；S 为方差，它可以由全距（R）按式 $S^2 = (R/4)^2$ 求得；D 为允许误差。

根据样地情况确定布设方法。

对角线采样法：样地平整，肥力较均匀的样地宜用此法，采样点不少于5个。

棋盘式采样法：样地平整，而肥力不均匀的样地宜用此法，采样点不少于40个。

蛇形采样法：地势不太平坦，肥力不均匀的样地按此法采样，在样地间曲折前进来分布样点，采样点数根据面积大小确定。

确定土壤剖面挖掘和土壤剖面的观察和记载内容，如层次、厚度、颜色、湿度、结构、质地、紧实度、湿度、植物根系分布等，然后自上而下划分土层，并进行剖面特征的观察记载，作为土壤基本性质的资料及分析结果审查时的参考。

将采集的土壤样品带回实验室进行分析，获得森林土壤理化性质数据。具体的实验分析方法和数据处理方法按照森林土壤分析方法执行。

第二，森林生态系统土壤有机碳储量观测。本研究依据森林土壤碳储量计算方法确定了土壤有机碳储量、有机碳密度、有机碳含量、土壤密度、土层厚度等观测指标。样地设置和采样点设置与本研究"森林生态系统土壤理化性质观测"中样地设置和采样点设置相同。土壤采样方法主要有土钻法和剖面法。

剖面法：土壤剖面挖掘和观察记载与本研究"森林生态系统土壤理化性质观测"相同，分层采集土样，依据研究目的确定采样层次。一般自地表每隔 10 cm 或 20 cm 采集一个样品，取土应按先下后上，以免混杂土壤。

土钻法：应用管芯法测量原状土壤密度和野外提取土壤样本。《森林生态系统定位观测指标体系》（LY/T 1606—2003）中对土壤化学性的观测时间大多为 1 次/年；针对土壤有机碳，为了进一步了解土壤有机碳的变化，本研究在试验初期（2~4 年）采样频率为 1 次/年；以后的采样频率为 3~5 年 1 次；特殊情况时可增加采样频率。

依据相关研究计算得出土壤容重、有机碳含量。进一步根据森林土壤碳储量的计算方法求得土壤有机碳密度和土壤有机碳储量。

第三，森林生态系统土壤呼吸观测。根据土壤呼吸的三个生物学过程以及时间变化特点确定观测内容。观测内容包括土壤总呼吸速率、土壤动物呼吸速率、微生物呼吸速率、植物根系呼吸速率、土壤呼吸速率日变化、土壤呼吸速率季节变化和土壤呼吸速率年变化。

目前土壤呼吸测定方法主要有动态气室法、静态气室法、微气象法和剖面法。动态气室法分为封闭式动态气室法和开放式动态气室法。封闭式动态气室法测定的结果较为真实可靠，并且该方法便于长期野外观测，是目前广泛应用的测量方法。因此，森林生态系统土壤呼吸观测采用该方法。观测点数量根据变异系数来确定。观测点的布设包括土壤总呼吸（R）观测点、无根土壤呼吸（R_1）测定点和无动物土壤呼吸（R_2）测定点的布设。

土壤总呼吸（R）观测点布设包括样地设置和土壤总呼吸观测点布设。由于森林土壤的空间复杂性，为使观测数据能代表平均水平，考虑测定工作量，按蛇形采样法随机布设土壤总呼吸量观测点。

无根土壤呼吸（R_1）测定点：目前国内外植物根系呼吸分离方法大致可分为：室内培养分析方法、离体根法、成分综合法、根去除比较法和同位素标记法等。本研究选用根去除比较法中的壕沟法来测定根系呼吸速率。

无动物土壤呼吸（R_2）测定点：在野外原位土壤条件下主要采用化学或物理方法剔除功能群得到土壤动物呼吸。主要有电击法和化学试剂排除法。电击法在野外较易实施，且不会对环境造成污染。本研究采用电击法，进行无动物土壤呼吸的测定。

根据目前土壤呼吸普遍采用的观测时间和频率，本研究规定了土壤呼吸的日变化、季节变化和年际变化的观测时间和频率。

根据以上观测指标，数据处理包括土壤总呼吸、土壤根系呼吸、土壤动物呼吸、土壤微生物呼吸四部分。样地测定得出的土壤呼吸即为土壤总呼吸速率。依据壕沟法对土壤根系呼吸进行测定，土壤总呼吸减去无根土壤呼吸即为土壤根系呼吸。利用电击法测定土壤动物呼吸，土壤总呼吸减去无动物土壤呼吸即为土壤动物呼吸。土壤微生物呼吸土壤呼吸包括三个主要生物学过程，因此土壤微生物呼吸等于土壤总呼吸减去土壤根系呼吸和土壤动物呼吸的差值。

第四，森林生态系统土壤动物、酶活性及微生物观测。本研究的观测内容包括土壤动物数量、动物群落物种多样性、脲酶活性、磷酸酶活性、多酚氧化酶活性、过氧化氢酶活性、蔗糖酶活性、微生物数量、微生物生物量碳和微生物生物量氮等。样地设置和采样点设置与本研究"森林生态系统土壤理化性质观测"中样地设置和采样点设置相同。

样品采集方法包括土壤动物样品的采集方法和土壤微生物、酶活性样品的采集方法。

土壤动物样品的采集方法：调查动物的采集方法主要有手捡法、漏斗法和室内培养法等，土壤动物样品的采集方法分为大型土壤动物的调查方法，中小型土壤动物的调查方法，专门研究某一类土壤动物调查方法。

土壤微生物、酶活性样品的采集方法：包括剖面挖掘、土壤剖面的观察与记录、取样和保存等。

依据观测指标，数据处理包括土壤动物、土壤微生物和土壤酶活性三部分。

土壤动物：选取密度-类群指数、多样性指数、均匀度指数、优势度指数、丰富度指数、群落共有度指数、群落复杂性指数。

土壤微生物：土壤微生物数量采用平板计数法测定和计算；土壤微生物生物量采用氯仿熏蒸培养法测定和计算。

土壤酶活性：选取土壤脲酶活性、磷酸酶活性、多酚氧化酶活性、过氧化氢酶活性、蔗糖酶活性进行计算。

第五，森林生态系统根际微生态区观测。通过对根际微生态区土壤理化指标、生物学指标和根系形态因子的观测，了解根际土壤理化特性及微生物类群活性，探索林木细根生长动态及其周转规律，进一步研究植物根系拓扑结构，揭示植物根系与环境因子间的关系，为实现根际微生态区的调控和优化提供基础。

1904年，德国科学家Hilter首次提出了根际概念。目前，有关根际微生态的研究历经一百余年，有关根际的研究趋向于整体性和系统性，而且已经深入植物学、土壤学、微生物学、植物生理生化、植物病理学、遗传学、分子生物学、生态学等各个领域，形成了多学科的交叉研究前沿。

观测内容包括根际土壤理化指标（pH值、氧化还原电位、有机质、全氮、全磷、全钾、碱解氮、速效氮、速效磷、速效钾）、根际土壤生物学指标（微生物类群及其数量、酶活性、线虫数量和种类、细菌数量和种类），根系形态因子（根的长度、根长密度、根尖数量、直径分布格局、死亡根及存活根数量、平均直径、投影面积、表面积、根体积、分类数量、每个直径类的根尖数量、细根生长量、细根死亡量和细根周转）等。选择群落结构明显、优势树种典型、地势平坦、土壤层应足够深厚的林分进行采样。根际土壤理化和生物学指标观测包括标准木的选定、根际土壤采样方法和根际土壤理化及生物学指标分析。标准木的选定与本研究"森林生态系统植被层生物量与碳储量观测"中的内容相同。根际土壤采样时每株树木宜按不同的方向多点采集。先用铁铲除去枯枝落叶层，然后用刀从树干基部开始逐层地小心挖去上层覆土，追踪根系的伸展方向，然后沿侧根找到细根部分，每株标准木剪下10组直径<2 mm的细根群。小心将带土细根取出后，用手轻轻抖动根系，从根系上脱落的土壤颗粒为非根际土，取500 g装入无菌纸袋中。紧紧黏附在根系表面，距根面1～4 mm的土壤为根际土，连根取500 g装入无菌纸袋中，带回后立即剥落分离，黏附紧的根际土可轻轻敲打或用刀片小心剥落。所取土壤尽快带回实验室，低温保存在4℃冰箱中待处理和分析。根际土壤理化及生物学指标分析参照森林土壤分析方法进行。

根际土壤理化指标和生物学指标数据处理按照森林土壤分析方法进行。通过定期观测获得的根系长度、直径、根尖数量等数据，计算单位面积单位时间的根系生长死亡量、现存量和周转速率、根系根长密度和根系面积密度；通过获取的图片进行细根生长与死亡分析；通过总根长除以观察的整个管面积可得到单位面积上根长密度（cm/cm^2或m/m^2）；根表面积的计算可用观察到根长乘以根直径，同样以单位面积图片中观察到的细根表面积可作为单位面积上跟面积密度（cm/cm^2或m/m^2）。

第六，森林冻土观测。观测内容包括冻土含水率、冻土密度、冻结温度、冻土导热系数、冻胀量、多年冻土的上限深度、季节性冻土深度及上下限深度等。观测场的设置按照《森林生态系统定位研究站建设技术要求》（LY/T 1626—2005）执行。冻土采样前，应先对冻土类型进行分类。冻土按照其存在时间可分为三种类型，即永久冻土、季节冻土、瞬时冻土。冻土的观测和数据处理见表3-2。

表3-2 冻土观测和数据处理

观测方法	数据处理内容	依据
冻土含水率	冻土含水率	《冻土含水率试验》（SL 237-034）
冻土密度	冻土密度和冻土干密度	《冻土密度试验》（SL 237-035）
冻结温度	冻结温度	《冻结温度试验》（SL 237-036）
冻土导热系数	冻土导热系数	《冻土导热系数试验》（SL 237-037）
冻胀量	冻胀率	《冻胀量试验》（SL 237-039）

（3）森林气象。森林气象方面包括森林常规气象观测、森林小气候观测、森林生态系统微气象法碳通量观测、森林生态系统温室气体观测、森林生态系统大气干湿沉降观测和森林生态系统负离子、痕量气体与气溶胶观测。

第一，森林常规气象观测。在森林生态系统典型区域内通过对风、温、光、湿、气压、降水等常规气象因子进行系统、连续观测，获得具有代表性、准确性和比较性的林区气象资料，了解典型区域气象因子的变化规律，揭示影响森林植被生长发育的关键气象因子及为研究森林对气候的响应提供基础数据。依据《地面气象观测规范》（QX/T 45—2007），并结合《森林生态系统定位观测指标体系》（LY/T 1606—2003）确定森林生态系统常规气象观测内容。主要包括天气现象、风、空气温湿度、地表面和地下10 cm、20 cm、30 cm、40 cm的土壤温度、空气温湿度、辐射、冻土、大气降水、水面蒸发（表3-3）。

表 3-3　森林常规气象观测指标

指标类别	观测指标	指标类别	观测指标
天气现象	风、雨、雪、雾、沙尘、能见度	地表面温度	地表实时温度
大气降水	降水量		地表最高温度
	强度		地表最低温度
风	风速	土壤温度	土壤温度
	风向	蒸发	蒸发量
气压	气压	辐射	日照时数
空气温湿度	最低温度		总辐射
	最高温度		净辐射
	定时温度		长波辐射
	相对湿度		紫外辐射
			光合有效辐射

综合考虑《森林生态系统定位观测指标体系》（LY/T 1606—2003）设置地面气象观测场。常规气象地面观测场的场地不宜过小，通常设置为 25 m×25 m，否则场内仪器的安置难以达到地面气象观测规范的要求。但若在丘陵、浅山地区要找到符合要求的场地比较困难时，安置仪器件数较少的站通常采用 20 m（南北向）×16 m（东西向）的规格。常规气象地面观测场的防雷设施必须符合气象台（站）防雷技术规范的要求。

自动气象站的应用技术在国内的应用也已经相当成熟，仪器结构和原理参照地面气象观测规范的天气现象观测和地面气象观测规范的自动气象站观测。

依据地面气象观测规范、气象台（站）防雷技术规范、地面气象观测规范的天气现象观测、地面气象观测规范的自动气象站观测、《森林生态系统定位观测指标体系》（LY/T 1606—2003）等较为成熟的地面气象观测规范，观测场内仪器设施布置的原则应合理布设，确保符合技术规范。

为了采集到的数据在准确性和精确度方面具有统一的可比性，各测量要素的传感器要求应符合地面气象观测规范的相关要求，数据采集频率的设置和采集数据的办法等应符合地面气象观测规范的自动气象站观测要求。

数据处理主要包括各种观测数据的瞬时值、逐时值、逐日值的下载方法。

第二，森林小气候观测。依据《森林生态系统定位观测指标体系》（LY/T 1606—2003）和《森林生态系统定位研究站建设技术要求》（LY/T 1626—2005）确定森林小气候的观测内容和观测层次，即地上四层和地下四层观测森林小气候要素，地上四层是冠层上 3 m、冠层中部、冠层下方 1.5 m 和地被层，地下四层是地下 5 cm、10 cm、20 cm、40 cm。小气候观测指标包括风向、温度、湿度、风速、总辐射、净辐射、光合有效辐射、土壤热通量、土壤温度、土壤水分和降水量。

森林小气候观测方法主要有常规观测和梯度观测两大类。本研究依据已有的森林生态系统定位观测指标体系，结合国内研究对观测项目范围广泛性和层次性的要求，选择梯度观测相关的场地设置、观测系统布设安装、仪器结构原理以及数据采集和系统维护等内容。

依据《森林生态系统定位研究站建设技术要求》（LY/T 1626—2005）确定森林小气候观测场设置。参考《森林生态系统定位研究站建设技术要求》（LY/T 1626—2005），应建立固定的观测塔观测森林小气候。森林小气候观测仪器的布设和安装方面，避雷装置、数据采集和日常维护等已有《森林生态系统定位研究站建设技术要求》（LY/T 1626—2005）等较为成熟的方法进行观测。

数据处理主要包括各种观测数据的瞬时值、逐时值、逐日值的下载方法。主要参照地面气象观测规范、自动气象站观测和目前常用的梯度小气候观测仪器使用说明给出瞬时值、逐时值、逐日值的数据获取方式。

第三，森林生态系统微气象法碳通量观测。根据涡度相关法原理确定观测内容。主要包括湍流数据（x轴水平风速、y轴水平风速、z轴垂直风速），CO_2浓度，水汽浓度和脉动温度等。本研究规定观测塔的场所选择要求为下垫面相对平坦，坡度不超过5°；风向相对稳定；植被在上风向有足够的水平纵深；研究区域面积≥1 hm^2。

根据涡度相关的基本原理，结合森林生态系统定位观测的特点，确定观测塔的布设和安装、观测仪器布设和安装及其他辅助观测设施。

数据处理包括通量数据的校正和缺失之数据的插补等。

第四，森林生态系统温室气体观测。观测内容包括京都协定书中所定的CO_2、甲烷、氧化亚氮、氢氟碳化物、全氟碳化物、六氟化硫等六种气体的浓度和排放通量。

观测场要求：研究区域的典型林分；不应跨越道路、山脊和沟谷，同时应考虑交通状况是否便利；采样点四周无遮挡雨、雪、风的高大树木，并考虑风向（顺风、背风）和地形等因素。目前，在温室气体浓度观测研究中，主要是气相色谱法和光声谱法。为了使森林生态站在开展温室气体浓度观测时有选择的空间，本研究同时给出两种观测方法。

温室气体排放量的观测研究中，采用静态箱法。

数据处理包括森林环境空气中温室气体浓度计算和森林温室气体排放通量计算。

第五，森林生态系统大气干湿沉降观测。本研究结合国内外最新研究进展，确定干沉降和湿沉降观测内容。干沉降包括铜、锌、硒、砷、汞、镉、铬（六价）、铅、硫化物、硫酸盐、氯化物、钙、镁、钠、钾、氮；湿沉降包括pH值、NH_4^+-N、总磷、总氮、NO_3^--N、铜、锌、硒、砷、汞、镉、铬（六价）、铅、硫化物、硫酸盐、氯化物、钙、镁、钠、钾。

大气沉降观测方法一般包括收集器（包含取样介质）的选择、采样点的设置、取样周期以及样品处理方式等。林外干湿沉降采样点布设在研究区典型林分外的空地内。采样点四周无遮挡雨、雪、风的高大树木，并考虑风向（顺风、背风）和地形等因素。林内干湿沉降采样点布设在研究区典型林分内。在大气沉降观测中，收集器主要有集尘缸或集尘罐、收集箱、集尘桶、沉降仪等。本研究参照《森林生态系统定位研究站建设技术要求》（LY/T 1626—2005）与《大气降水样品的采集与保存》（GB 13580.2—1992）干沉降采用集尘缸或集尘罐；湿沉降采用带盖口径>40 cm、高20 cm的聚乙烯塑料容器。同时，考虑自动化仪器的使用，有条件的地方，如对于距电源较近的采样点，可采用干湿沉降仪作为收集器。

林外干湿沉降收集器的布设，收集器与树木、建筑物等周围物体的距离，应不低于这些物体高度的2倍，平行放置两个完全相同的收集器。林内干湿沉降收集器的布设根据森林生态站多年监测经验，在样地中选择3株标准木，连成一个三角形，在三角形每条边的三等分点各布设一个收集器。

本研究干沉降的采集采用空容器取样。由于研究目的不同，样品预处理也有所差异，如烘干样品的温度环保部门使用烘箱温度为105℃，烘干时间2 h至恒重，而有的研究则采用其他温度范围和时间。湿沉降（雨水）的采样方法参照《大气降水样品的采集与保存》（GB 13580.2—1992）执行。

数据处理包括干湿沉降中的元素年沉降通量和样品中各离子含量测定。干沉降中元素年沉降通量计量公式如下。

$$F_i = \frac{M \times C_i}{S}$$

式中：F_i为干沉降通量，mg/m^2；M为干沉降量，g；C_i为干样部分样品元素质量分数，mg/g；S为采样面积，m^2。

湿沉降中元素年沉降通量计量公式如下。

$$F = \left[\sum_{i=1}^{n} \frac{(C_i \times 10^6 \times V_i)}{A} \right] \times 10\,000$$

式中：F为湿沉降通量，kg/hm^2；C_i为浓度，mg/L；V_i为湿沉降体积，L；A雨量桶横截面积，m^2。

尤其值得注意的是，林内湿沉降量计算中应剔除森林生态系统冠层干沉降历史积累量，其公式为林内实际湿沉降量=林内总湿沉降量-（林外干沉降量-林内干沉降量）。

第六，森林生态系统负离子、痕量气体及气溶胶观测。观测内容包括森林中O_2^-($H_2O)_n$、OH^-($H_2O)_n$、CO_4^-($H_2O)_2$等负离子浓度；CO、N_2O、SO_2、O_2、CH_4、NO、NH_3、H_2S等森林痕量气体；总悬浮颗粒物（TSP）、可吸入颗粒物PM_{10}（粒径<10 μm）、可吸入颗粒物$PM_{2.5}$（粒径<2.5 μm）等气溶胶。

参考前人研究成果确定负离子检测仪的布设与数据采集。观测群落内森林负离子、痕量气体和气溶胶空间变异性时，选择典型林分设置样地，水平方向上采用单对角线3点法或双对角线5点法布设观测点，垂直方向上参照本研究小气候要素观测梯度布设观测点。

在大气痕量气体测量技术中，主要采用光谱学和化学方法。光谱学技术是当前重要大气痕量气体在线监测的发展方向和技术主流。根据长期定位观测的特点，本研究用光谱学技术作为痕量气体观测方法，并给出观测仪器结构和原理、观测仪器的布设和安装、采样和数据采集。

目前，气溶胶观测仪器的布设和安装、采样和数据采集等已有《环境空气 总悬浮颗粒物的测定 重量法》（GB/T 15432—1995），参照此标准执行。

森林痕量气体浓度和气溶胶浓度与空气质量等级间的关系均参照《环境空气质量标准》（GB 3095—2012）执行。

（4）森林生物。森林生物方面包括：森林生态系统定位观测样地观测、森林生态系统植被物候观测、森林生态系统植被层碳储量观测、森林生态系统凋落物与粗木质残体观测、森林生态系统年轮分析方法和森林动物资源观测。

第一，森林生态系统长期固定样地观测。《森林生态系统定位观测指标体系》（LY/T

1606—2003）中的植被调查只是简单地分为乔木层、灌木层和草本层，而没有详细地说明每个层次的调查内容。《陆地生态系统生物观测规范》（中国生态系统研究网络科学委员会，2007）中明确规定了3个层次的详细调查内容，并说明了层间植物的调查方法。综合以上文献，确定观测内容（表3-4）。

表3-4 森林生态系统长期固定样地观测内容

分层	观测内容
乔木层	群落中所有乔木种的胸径、树高、冠幅、郁闭度、密度等
灌木层	灌木种的株数（丛数）、株高、基径、盖度和多度等
草本层	草本植物的种类、数量、高度、多度和盖度等
层间植物	藤本植物的藤高、蔓数、基径和藤冠等，附（寄）生植物［包括附（寄）主种名、多度等］
竹林	见竹林生态系统长期固定样地观测

目前，常用的距离测定方法有卷尺量距、视距测量和电磁测距等。本研究在建立样地时采用全站仪。全站仪的水平角测量、距离测量和坐标测量参考《生态学常用实验研究方法与技术》（章家恩，2007）而得出。样地设置主要包括样地选择、样地设置体系、样地设定等。参考《森林生态系统定位研究站建设技术要求》（LY/T 1626—2005）中的森林群落监测固定样地建设进行样地选择。本研究中常规监测样地主要是出于能够反映样地面积与物种多样性的关系，即样地面积要大于种群最小面积，并具有可操作性、实用性和经济性。本研究根据以上原则，并结合以往大样地的研究成果，将森林生态系统动态监测样地面积设定为 6 hm^2。在样地设置体系中，本研究采用网格（络）法区划分割样地，采用网络法调查可以准确快速地对森林生态系统进行长期的动态分析，同时还容易进行单位面积的比较与阐明地形、土壤、林相等不同要素之间的关系。

本研究根据多年生态学野外调查经验，对确定从样地中央向东、西、南、北四方向测定行、列基线，在东西、南北两个方向上各定出三条平行线，然后在基线上每隔20 m定基点，并且在每个基点上安置全站仪，修改之后的方法既能提高工作效率，还能降低样方的边线闭合差，进而对固定样方精准定位和提高调查的精度。本研究规定了树木定位与标识的操作方法和步骤。在树木编号方面，本研究编号用8位数字表示，前4位代表样方、号，后4位代表的为样方内的树木编号，在样地复测时，更容易查找编号所对应的树木。本研究规定在样地调查时首先应观测样地的基本情况，描述内容主要包括植物群落名称、郁闭度、地貌地形、水分状况、人类活动等，进而根据顺序对每个样方逐个进行观测，内容包括乔木层、灌木层、草本层和层间植被的观测，样地的复测时间为1次/5年。本研究数据处理包括读取数据、绘制平面图和绘制等高线。

第二，森林生态系统植被物候观测。参考《陆地生态系统生物观测规范》（中国生态系统研究网络科学委员会，2007）等确定观测内容（表3-5）。

表 3-5 物候观测内容

分层	观测内容
乔木和灌木	树液流动开始日期、芽膨大开始日期、芽开放期、展叶期、花蕾或花序出现期、开花期、果实或种子成熟期、果实或种子脱落期、新梢生长期、叶变色期、落叶期等物候期
草本植物	萌芽期/返青期（萌动期）、展叶期、分蘖期、拔节期、抽穗期、现蕾期、开花期、结荚期、二次或多次开花期、成熟期、种子散布期、黄枯期等物候期
气象现象	初终霜、初终雪、严寒开始、水面（池塘、湖泊、河流）结冰、土壤表面冻结、河上厚冰出现、河流封冻、土壤表面解冻、（池塘、湖泊、河流）春季解冻、河流春季流水、雷声、闪电、虹以及植物遭受自然灾害等现象

观测地点选择要具有长远性、代表性，并要考虑便于开展观测工作的原则。为了使观测数据具有价值，需对观测点进行长期连续的观测，不应轻易变动；所选的观测点还要能代表所在区域的地形、土壤、植被情况，尽可能是在开阔平坦的地方；观测点选定以后，将地名、生态环境、海拔高度、地形、位置、土壤状况详细记录下来，长期保存，以备必要时考察。参照木本植物观测对象的选定标准，根据实际观测情况的分析，形成物候观测对象的选定标准。个体树木的观测部位可以采用东、南、西、北四个方位分别进行观测和记录；用于全年物候观测的冠层部位必须一致，且长期保持不变；观测时应尽量靠近植株，对于高大乔木或视野不开阔时可借助望远镜进行观测；观测发芽时需注意观察树木的顶部，无条件时可观测树冠外围的中下部。本研究将森林生态系统物候观测分为乔木和灌木物候期的观测、草本植物物候观测、气象现象观测。观测时间宜随季节和观测对象而灵活掌握，并根据观测目的而确定。综合已有研究，得出比较完善的物候数据处理方法，包括物候历的编制和物候格局计算。

第三，森林生态系统植被层生物量与碳储量观测。依据《森林生态系统定位观测指标体系》（LY/T 1606—2003）和参考植被碳储量方面的相关研究确定观测内容。观测内容包括乔木层生物量、灌木层生物量、草本层生物量、层间植物生物量、凋落物量、植被净初级生产力（NPP）、森林植被碳储量、森林植被年净固碳量。

乔木各部分生物量参考前人研究方法进行测定。灌木层生物量和草本层生物量参考《森林生态系统定位研究站建设技术规范》（LY/T 1626—2005），灌木样方为 2 m×2 m，草本样方为 1 m×1 m。调查方法运用常用的收获法，也是在灌木、草本生物量观测中最常用的方法。层间植物由于其生存空间的特殊性，大多数研究中都被忽视，本研究对层间植物的调查及生物量的观测参见乔木、灌木或草本层生物量的观测方法进行。凋落物生物量调查方法参见本研究"森林生态系统凋落物与粗木质残体系统观测"。根据植被生物量的动态数据，可用增重累积法对植被净初级生产力（NPP）进行测算。

数据处理包括标准木生物量、单位面积乔木生物量、净初级生产力（NPP）、植被层碳储量和植被年净固碳量计算。标准木生物量由干、枝、叶、根等器官的生物量组成；单位面积乔木生物量由胸高总断面积、标准木胸高断面与标准木生物量进行推算；净初级生产力（NPP）参考章家恩（2007）给出的计算公式；植被层碳储量由乔木层生物量、灌木层生物量、草本层生物量、凋落物层生物量、层间植物生物量和含碳率相乘而得；植被年净固碳量由植被净生产力、植被积累1g干物质固定CO_2量（1.63 g）和CO_2中碳含量（27.27%）相

第3章 天然林资源保护工程生态效益评价体系与评价标准

乘而得。

第四，森林生态系统凋落物与粗木质残体观测。本研究观测内容包括年凋落物量及其组分含量、凋落物分解速率、粗木质残体贮量。

样地设置包括样地选择和样地规格，参照《森林生态系统定位研究站建设技术规范》（LY/T 1626—2005）执行。本研究在每个样地内坡面上部、中部、下部与等高线平行各设置一条样线，环境异质性较小的林分，每条样线上等距设 3 个采样点；环境异质性较大的林分，在每条样线上设置 5 个采样点。参考森林生态系统定位研究方法及相关研究，综合确定凋落物采样方法和现存凋落物（林地枯落物）采样方法。

森林凋落物的采集多采用直接收集法，即采用凋落物收集器估测森林凋落量。用孔径为 1.0 mm 的尼龙网做成 1 m×1 m×0.25 m 的收集器，网底离地面 0.5 m，置于每个采样点，采样时间以秋季落叶时间为准。将收集的凋落物按叶片、枝条、繁殖器官（果、花、花序轴等）、树皮、杂物（小动物残体、虫鸟粪和一些不明细小杂物等）5 种组分分别采样，带回实验室。现存凋落物（林地枯落物）采样方法：在样地内划定 1 m×1 m 小样方，将小样方内所有现存凋落物按未分解层、半分解层和分解层分别收集，装入尼龙袋中，带回实验室。

本研究选用线截抽样法作为粗木质残体的采样方法。确定粗木质残体调查对象后，将粗木质残体根据尺寸大小和其状态进行分类，确定其腐解等级后，分类测量与三条边相截的粗木质残体长度及其与线条相截处的直径，并分别采样，称其湿重后记录，带回实验室。

年凋落物量和凋落物现存量参考森林生态系统定位研究方法通过测定得出。将带回实验室的样品，70~80℃烘干到恒重，按组分分别称重，测算林地单位面积凋落物干重和林地单位面积现存凋落物干重。参考森林生态系统定位研究方法及相关研究，综合确定凋落物分解速率的测定。将不同腐解等级的粗木质残体标准株样品在 70~80℃烘干至恒重，计算干重（枯立木和倒木、大枝、根桩）粗木质残体体积、粗木质残体密度，根据计算结果，测算标准株以及林地单位粗木质残体贮量。

数据处理包括年凋落物量、凋落物组分含量、凋落物现存量、凋落物分解速率和粗木质残体贮量。年凋落物计算根据年凋落物量观测数据换算得出；凋落物组分含量根据凋落物组分干重除以凋落物干物质总量而得出；凋落物现存量根据年凋落物现存量观测数据换算得出；凋落物分解速率和粗木质残体贮量通过计算得出。

第五，森林生态系统树木年轮分析方法。观测内容包括年轮宽度、早材宽度、晚材宽度、早材密度、晚材密度、年轮密度、最大年轮密度、最小年轮密度、早材晚材界线密度、年轮元素含量。参考树轮采样技术要求确定样地设置，选择树木生长对环境因子（温度、降水等）变化非常敏感的地区。在采样布局上，选取土层较薄、坡度较大、受人类活动影响较小的地点。根据研究目的不同，按照海拔、坡向、坡位等因子进行样地设置。每个样地同一树种样本为 20~30 株，北方地区 20 株为宜，南方地区 30 株为宜；选择树木基部、根茎无动物洞穴、无干梢、树干通直的树木；为了重建尽量长的年轮量气候变化谱，应选取树龄较长的树木包括枯死的古老树木。有休眠期的树木应在树木的休眠期采样，无休眠期的树木一年四季随时可以采样。样本采集后，宜用油灰之类的东西将树皮缝隙材塞，以免发生病虫害。

利用目前世界上较为先进和精确的年轮宽度分析系统、年轮密度及年轮元素分析仪，开展年轮宽度、年轮密度等参数的测定。使用国际树木年轮数据库 ARSTAN 程序（显著水平

为 $P=0.05$）研制 3 种树轮宽度年表，即标准年表（STD）、差值年表（RES）和自回归年表（ARS），能够增加在气候重建时的年表可选择性。生长量订正和标准化过程，能够消除树木生长中与年龄增长相关联的生长趋势及部分树木之间的非一致性扰动，排除其中的非气候信号。利用目前世界上最先进、最精确的年轮密度和年轮元素分析仪—MultiScanner 年轮密度分析系统，针对已完成预处理的树芯或树轮样本进行年轮密度和年轮元素含量分析。

本研究主要采用年表特征分析、重建方程的建立及检验、重建结果特征分析、重建结果区内外对比。其中，年表特征分析与样本的总体代表量两种计算方法。

年表特征分析：平均敏感度（MS）是度量年表（或年轮序列）包含有多少的气候信息的一个参数，是衡量气候对年轮限制的一项很好的指标。平均敏感度计算公式如下。

$$MS = \frac{1}{n-1} \sum_{i=1}^{n-1} \left| \frac{2(x_{i+1} - x_i)}{x_{i+1} + x_i} \right|$$

式中：MS 为敏感度；x_i 为第 i 年轮宽度值，cm；x_{i+1} 为第 $i+1$ 个年轮宽度值，cm；n 为样本年轮总数，个。

年轮宽度指数指树轮宽度经过生长量曲线订正后得出可比的指数序列。本研究选用多项式函数对年轮宽度标准化，具体计算公式如下。

$$EPS(t) = \frac{r_{bt}}{r_{bt} + (1 - r_{bt})/t}$$

式中：EPS 为样本的总体代表量；t 为样本数，个；r_{bt} 为不同树间的相关系数。

第六，森林动物资源观测。森林动物资源调查和观测内容包括昆虫、鸟类、两栖类（包括种类和分布、种群数量和密度、栖居生境及质量）、兽类（包括种类和分布、种群数量和密度、栖居生境类型及质量、出生率和死亡率）以及能量代谢（包括 CO_2 排放量、O_2 消耗量、动物呼吸熵）。

动物资源的观测和调查通常有样方法、样线法和样带法等。根据调查对象、内容和调查地区的具体情况，选择合适的调查方法。采用样方法进行调查，这是目前普遍使用的方法。根据定位观测的特点，本研究规定在每个样地按网格机械布点法设置大小为 1 m×1 m 的小样方 30 个，每个样方放置无底木框，调查记录框中所有昆虫的种类和数量。鸟类观测方法主要有样方统计法、路线统计法、样点统计法等。样方统计法较适于鸟类成对生活的繁殖季节，路线统计法和样点统计法获得只是相对多度的指标。两栖类观测方法主要有路线统计法、捕尽法和固定水域配对统计法等。参考陆地生物群落调查观测方法，确定两栖类观测方法。小型兽类观测方法主要有夹日法、去除法和标志重捕法等，通常采用标记重捕法。根据定位观测的特点和结合先进仪器的使用，采用微小、无害和方便植入的动物电子标记识别器作为标记物，精确的电子识别系统有效地避免了传达室统方法中的统计误差。大型兽类观测方法主要有路线统计法、样地哄赶法和航空调查法等。大型兽类数量调查参考章家恩（2007）等研究，根据生境类型，设置若干条 5 km 长样线，样线分布要均匀，应尽量避开公路、村庄。观测人员沿样线以 1~3 km/h 的步行速度匀速前进，记录观测到的动物个体的种类和数量，并记录动物出现的距离。把动物与行走路线的平均距离作为样带的宽度。将记录数据填入相应表格；大型兽类行为轨迹观测，采用目前较为先进的观测仪器进行观测，即采用野生动物无线遥测系统大型兽类行为轨迹观测。采用便携式动物能量代谢测量系统进行观测，即根据待测动物个体情况，选择合适的呼吸室。将待测动物个体放入呼吸室中，连接气泵管路到呼吸室进气口，呼吸室出气口接入系统旁路气路，将二次抽样气路连接到高精度CO_2分析仪、O_2分析仪以及水汽分析仪。将温度传感器和气压传感器连接到系统中，设置合适的气泵流速，设置数据记录时间间隔，采集数据，进行处理和分析。

参考陆地生物群落调查观测方法确定昆虫、两栖类样方法观测的种群密度、种群平均密度数据处理方法，鸟类、大型兽类样线法观测和小型兽类标记重捕法观测数据处理方法。

（5）其他。其他方面包括森林生态系统氮循环观测、森林生态系统重金属观测、森林生态系统稳定同位素观测、森林生态系统健康评估方法和森林生态系统服务分布式观测布局与测算方法。

第一，森林生态系统氮循环观测。观测内容包括氮沉降通量，固氮植物生物固氮量，凋落物氮储量，土壤全氮、水解氮、硝态氮、铵态氮，土壤氮素转化速率（土壤氨化速率、硝化速率、反硝化速率）。选择群落结构明显、优势树种典型的林分作为观测样地。氮沉降观测、植物固氮量观测、土壤氮素转化速率观测的样地应为同一样地。大气氮沉降观测参见本研究"森林生态系统大气干湿沉降系统观测"。

凋落物氮储量观测包括凋落物生物量和凋落物氮储量观测。凋落物生物量观测采样点的设置和凋落物采样参见本研究"森林生态系统凋落物与粗木质残体观测"。所有凋落物样品粉碎后，过60目筛，用奈氏比色法测定其全氮含量，以得出凋落物氮储量。采样点设置、采样及测定方法与本研究"森林生态系统土壤理化性质观测"和"森林生态系统土壤有机碳储量观测"中的内容相同。土壤氮素转化速率观测采用气体过程分离法。气体过程分离法简称BaPS技术，是测定总硝化作用和反硝化作用速率的一种新方法，它有效地避免了由同位素示踪法带来的土壤污染和由乙炔抑制法等带来的土壤原有气体组成改变等问题，而且操作简便，在通气良好的土壤中，其准确性和同位素示踪法相当。它有着^{15}N库稀释技术和乙炔抑制技术不可比拟的优势。根据BaPS土壤氮素转化速率测量系统要求，每个测量点应取3~7个100 mL原状土样或3个250 mL原状土样，作为重复。BaPS土壤氮素转化速率测定系统安装与使用、BaPS土壤氮素转化速率测定系统数据采集和系统维护按照仪器说明书进行。

数据处理包括固氮植物固氮比率、固氮植物生物固氮量、凋落物氮储量、土壤全氮、水解氮、硝态氮、铵态氮、土壤氮素转化速率。参考稳定同位素生态学研究以及N^{15}自然丰度法在固氮植物生物固氮量研究中的应用，确立固氮植物固氮比率、固氮植物生物固氮量以及凋落物氮储量的计算公式。土壤全氮、水解氮、硝态氮、铵态氮的测定根据《森林土壤氮的测定》（LY/T 1228—2015）执行。

通过BaPS软件可以得出数据图表和最终结果。通过图表可以分析试验过程中各项条件对最终土壤总硝化速率和反硝化速率的影响以及进行误差分析。查看试验过程中得到的数据情况、剔除无效数据等。通过结果窗口可以获得线性计算的数据结果和线性回归统计的数据结果；而且针对试验之前没有确定的土壤pH值、土壤含水量在试验结束后的数据结果窗口可修改参数重新进行计算。

第二，森林生态系统重金属观测。观测内容包括镉（Cd）、汞（Hg）、银（Ag）、铜（Cu）、钡（Ba）、铅（Pb）、砷（Se）。

采集土壤样品时需要注意以下几点：一是采样点选择在有利于该土壤类型特征发育的环

境，如地形平坦、自然植被良好的区域；二是不在住宅周围、路旁、沟渠、粪堆附近等人为干扰明显地点或水土流失严重以及表土破坏明显的地点采样；三是采样时选取有代表性的地点，并以该点为中心，在其周围 100 m 的区域内采集 3~5 个土壤样品，将样品混匀后用四分法取约 1 kg 作为该点的土壤样品；四是采样时尽量使采样点涉及所有土地利用类型，并详细记录样点周围土地利用和土地覆被情况以及农药化肥施用情况。

植物组织样品的采集方面，选择有充分代表性的标准株，其采样应符合统计学原理，即按照"多点、随机"的方法。在设置的样地内，与土壤采样同步进行，考虑到林地的不均一性，采取蛇形布点的方法。每个采样点选取 5~10 株标准株为宜；在树冠中上部向阳面采集叶、枝、果等各自的混合样品，每组分样品 0.5 kg 为宜。在距植株 20~80 cm 的地方，利用土钻采集根系样品，土钻钻入深度约为 100 cm。将采集好的样品置于样品布袋内，并做好标记，标签注明树种、组织器官、采集地点、时间、采集人等相关信息。森林植物样品的采集时间随植物种类的不同而不同，落叶树种应在叶子凋落前的 1 个月内采集；针叶树种宜在早秋至冬季这一阶段内采集；常绿阔叶树种则随时可以采集。水样品的采集与本研究中的森林水质的采集方法一致。重金属的测定常采用常规比色法、原子吸收分光光度法和等离子体发射光谱法等。本研究采用原子吸收分光光度法测定的重金属含量，具体计算方法如下。

$$W_i = \frac{\rho \times V \times ts \times 10^{-3}}{m} \times 10^3$$

式中：W_i 为铬、镉、铜、汞、镍、铅和锌等重金属的质量分数，mg/kg；ρ 为测得的重金属的质量浓度，mg/L；V 为测定时定容体积，mL；10^{-3} 为将 mL 换算成 L 的系数；ts 为分取倍数；m 为试样质量，g；10^3 将 mg/g 换算成 mg/kg 的系数。

第三，森林生态系统稳定同位素观测。根据目前国内外稳定同位素研究进展，确定观测内容，主要包括 ^{13}C、^{15}N、^{18}O。

采样方法包括稳定同位素示踪法的样品采集（^{15}N）和稳定同位素自然丰度法的样品采集。主、稳定同位素示踪法的样品采集（^{15}N）方面，根据定位观测需求，确定样地设置，即在研究区内设置 2 个 20 m×20 m 的样地，两个样地之间至少相隔 20 m，每个样地均划分成 5 m×5 m 的样方，对样地进行本底值调查。其中 1 个样地施加稳定同位素示踪剂，另 1 个样地不施加任何标记物，作为对照样地。稳定同位素自然丰度法的样品采集方面，根据定位观测需求，确定样地设置，即在研究区内设置 2 个 20 m×20 m 的典型样地。

稳定氮同位素示踪法的样品采集中 ^{15}N 标记肥主要有 $^{15}NH_4^{15}NO_3$、$^{15}NH_4Cl$ 和 $K^{15}NO_3$ 三种。根据试验需要选择不同的标记肥，$^{15}NH_4^{15}NO_3$ 含有 NH_4^+ 和 NO_3^- 两种离子，因此使用较多。植物样品的采集，样品采集要考虑一定的重复数。从优势树种中选取 3 株优势木取样，分别采集叶、枝、皮、干和根样品。本研究采用在 1.3 m 和 >6 m 高处钻取木芯。土壤样点的选择参见本研究"森林土壤有机碳储量野外系统观测方法"。土壤样品用土壤取样钻钻取土柱，并立即分开各层的样品。

稳定同位素自然丰度法中固体样品的采集主要为植物样品。稳定同位素自然丰度法的植物样品采集参照稳定氮同位素示踪法的植物样品采集，土壤样点的选择参见本研究"森林土壤有机碳储量野外系统观测方法"。此外，具体采集的方法根据以下不同研究要加以确定，如树木小年轮取样方法参见本研究"森林生态系统年轮分析的野外系统观测方法"。液体样品采集分为植物水分采集、大气水汽样品的采集、潜在水源样品的采集。植物水分来源方面，对于乔木和灌木，采集非绿色的枝条；对于草本，采集根茎结合处的非绿色部分。取样要迅速，取样完毕后样品瓶立即密封，然后冰冻保存。大气水汽样品的采集点的选择参照本研究"大气干湿沉降野外系统观测方法"，采用冷阱法来进行大气水汽样品的采集。潜在水源样品采样点的选择参见本研究"森林水量空间分配格局野外系统观测方法"。结合生态站多年观测经验，对浅层土壤采集则要注意不应采集暴露在空气中的表层土壤，宜采集表层2 cm 以下的土壤。气体样品的采集分为大气 CO_2 同位素采集、CH_4 和 N_2O 等温室气体采集。本研究大气 CO_2 同位素的采集方法选择参见本研究"森林温室气体野外系统观测方法"。采样方法为首先应该将大气采样专用气瓶抽真空，然后在空旷的、相对较高的地方将气阀打开，待瓶子内外气压平衡后即可。CH_4 和 N_2O 等温室气体采样点的选择及采样方法参见本研究"森林温室气体野外系统观测方法"，采样方法具体采用静态箱法。

样品的储存和样品的预处理具体参见 De Groot 等（2002）的相关研究。

同位素效应引起轻重同位素含量的不同，但计算其绝对含量没有实际意义。因此，一般用同位素比值 R 来表示。数据处理主要参考稳定同位素技术的专著，利用相对测量法测定样品的 δx 值。

$$\delta x = \left(\frac{R_{sample}}{R_{standard}}\right) - 1 \times 1000$$

式中：δx 为同位素比值的千分偏差，‰；R_{sample} 为样品同位素比值；$R_{standard}$ 为国际通用标准物的同位素比值。

第四，森林生态系统健康评估方法。本研究结合森林生态系统定位观测指标体系和森林健康评估的国内外最新研究进展，确定森林生态系统健康评估观测内容，包括生产力指标、结构指标、干扰指标、服务功能指标四个方面 30 个指标（表 3-6）。

表 3-6 森林生态系统健康评估系统观测指标

指标种类	观测指标
生产力指标	（1）胸径年平均生长量
	（2）树高年平均生长量
	（3）林分蓄积生长量
	（4）年增长生物量
	（5）林地当年凋落量
结构指标	（6）森林覆盖率
	（7）起源
	（8）林冠结构
	（9）生物多样性指数
	（10）郁闭度
	（11）灌木盖度
	（12）草本盖度
	（13）群落现存生物量
	（14）保护动植物的种类数
	（15）土壤 pH 值

指标种类	观测指标
干扰指标	（16）人为干扰程度
	（17）病虫害发生程度
	（18）水灾发生程度
	（19）旱灾发生程度
	（20）火灾发生程度
	（21）酸雨危害程度
	（22）林地土壤的侵蚀强度
	（23）林木受污染物危害的程度
服务功能指标	（24）水质等级
	（25）林外林内温度差值
	（26）林外林内湿度差值
	（27）固定 CO_2 量
	（28）O_2 释放量
	（29）空气负离子浓度
	（30）吸引污染能力

森林生态系统健康评估、观测方法及相关内容的赋值是关键的因素。需要采用合理的观测方法及赋值标准，以达到评估的准确性。对胸径年生长量、树高年生长量、森林蓄积增长量（用材积差法计算林分蓄积生长量）、生物量年增长量、林地当年凋落量、森林覆盖率、起源、林冠结构（采用目估法测定）、生物多样性指数、郁闭度（采用目估法完成）、灌木盖度、草本盖度、群落现存生物量、保护动植物的种类数（对照国家一级、二级保护野生动植物名录计数统计）、土壤 pH 值、人为干扰程度、病虫害发生程度、水灾危害程度、旱灾危害程度、火灾发生程度、酸雨危害程度、林地土壤的侵蚀强度、林木受污染物危害的程度、水质等级、林外林内温度差值、林外林内湿度差值、固定 CO_2 量、O_2 释放量、空气负离子浓度、吸收污染物能力等方面开展相应的观测，根据观测结果按一定的标准分别进行赋值。病虫害发生程度和火灾发生程度赋值标准分别为 4、3、2、1 和 3、2、1，起源赋值标准为 2、1，其他指标赋值标准均为 3、2、1。

其他研究者提出的森林生态系统健康评价模型如下。

$$FEHI = W_1 V + W_2 O + W_3 R$$

式中：V 为活力指标；O 为组织结构指标；R 为抵抗力指标。W_1、W_2、W_3 分别为 V、O、R 的权重。

综合国内外 10 种不同的森林生态系统健康评估公式，本研究采用公式具体如下。

$$FEHI = \ln(\sum_{i=1}^{5} P \cdot \sum_{j=1}^{10} S \cdot \sum_{m=1}^{8} D \cdot \sum_{n=1}^{7} F)$$

式中：FEHI 为森林生态系统健康评估指数；P 为生产力指标；S 为结构指标；D 干扰指标；F 为生态功能指标。

第3章 天然林资源保护工程生态效益评价体系与评价标准

本研究在综合采纳上述研究成果的基础上,提出森林生态系统健康情况划分参考等级。不健康状态:FEHI<9.0;亚健康状态:9.0≤FEHI<10.0;基本健康状态:10.0≤FEHI<11.0;健康状态:FEHI≥11.00。

当干扰指标中任何一项指标赋值为1时,所评估的森林生态系统健康等级即为不健康状态。

第五,森林生态系统服务分布式观测布局与测算方法。森林生态系统服务功能研究是近年来生态系统研究的热点,国内外学者做过许多研究,也取得了众多成果。但由于森林生态系统及其服务功能的复杂性和多样性,其服务功能价值的计算方法却进展缓慢,大量的、复杂的计算不仅计算难度高,需要惊人的计算量,而且容易产生错误,不能方便地进行检验,已经成为从事生态系统服务功能价值研究工作者面临的最苦恼的问题之一。因此,科学、量化、客观地评价森林生态系统服务功能成为生态系统研究迫切需要解决的难题。

为了解决生态系统服务功能价值计算方面的困难,增强计算结果的可靠性和科学性,一种廉价的、高效的、维护方便的测算方法应运而生,即森林生态系统服务功能分布式测算方法。本测算方法可以降低森林生态系统服务功能价值评估工作的难度,简化森林生态系统服务功能价值评估的工作量,增强森林生态系统服务功能评估结果的可靠性和可对比性。

基于分布式评估中国森林生态系统服务功能的测算首先将全国(香港、澳门、台湾除外)按省级行政区划分为31个一级测算单元(省、自治区、直辖市),每个一级测算单元又按优势树种林分类型划分成41个二级测算单元(以不同次全国森林资源清查结果为依据,经济林、竹林、灌木林按林分类型对待),每个二级测算单元再按林龄组分划分为幼龄林、中龄林、近熟林、成熟林、过熟林5个三级测算单元,最终确定了7 020个相对均质化的生态服务功能评估单元。

在全国森林分布格局内,按林分类型、林龄组、立地条件在全国森林生态站、辅助观测点以及补充观测点布设固定样地,按照《森林生态系统定位观测指标体系》(LY/T 1606—2003)和《森林生态系统服务功能评估规范》(LY/T 1721—2008)对全国41个优势树种林分类型(包括经济林、竹林和灌木林)的评估指标开展长期连续的野外实地数据观测,获取生态系统尺度的生态服务功能实测数据。

基于生态系统尺度的生态服务功能定位实测数据,运用遥感反演、过程机理模型等先进技术手段,进行由点到面的数据尺度转换,将点上实测数据转换至面上测算数据,得到各生态服务功能评估单元的测算数据。采用改造的过程机理模型IBIS(集成生物圈模型),依据中国植被图或遥感信息,输入森林生态站各样点参数,推算各生态服务功能评估单元的涵养水源生态功能数据、保育土壤生态功能数据和固碳释氧生态功能数据。采用基于遥感数据反演的统计模型,结合森林生态站长期定位观测的林木营养积累及净化大气环境数据和省级、全国Ⅰ、Ⅱ类森林资源连续清查数据(蓄积量、树种组成、年龄等),测算各生态服务功能评估单元的林木营养积累生态功能数据和净化大气环境生态功能数据。

省级各生态服务功能评估单元的测算数据累加后为省级测算单元物质量,31个省级测算单元物质量之和即为全国森林生态系统服务功能物质量。

3.3 内蒙古天然林资源保护工程区生态因子观测方法

根据以上研究，制定天然林保护工程生态因子观测与评价方法。

3.3.1 标准样地设置及选择

样地的选择标准是具有代表性和典型意义，不同类型样地之间差异明显，符合样地类型划分标准。标准地的形状以便于测量和计算面积为原则，一般为正方形或长方形，其面积的大小根据标准地内主林层优势树种决定。一般标准地内的林木株数，在幼龄林300株以上，中龄林250株以上，近熟林以上的林分中至少应有200株。

在进行大量植被调查的基础上，根据研究内容和技术路线及树种的分布等，选取了有代表性的林种、地段设立标准试验样地；选择天保工程区的管理护林地与作为参照和对照的天然林、天然次生林地作为固定试验样地。

样方大小：乔木 20 m×20 m，灌木 5 m×5 m，草本植物 1 m×1 m。

3.3.2 天保工程区森林及生长状况调查

调查内容：生长时间、类型、规格、成活率、生长状况。

3.3.3 植被与林分调查

3.3.3.1 环境条件调查

对样点的环境条件调查项目主要包括地貌类型、地势、坡度、坡向、配置模式等。

地貌类型：一般采用目测法结合当地林业部门提供的自然概况资料。

地势：一般采用目测法。

坡度、坡向：采用 GPRS（通用分组无线业务）和测向仪进行量测。

配置模式：采用计数法，即直接对样方内所调查的种群数量进行计数统计。

3.3.3.2 植被组成特征调查

野外植被调查项目主要包括物种数量、植被盖度、高度、密度等。

物种数量：采用计数法对所设样地或样方进行物种数量调查。

植被盖度：一般采用目测法估算，单位为%。

植被高度：根据需要直接测量每个层片的高度或每个种的高度，单位为 cm。

植被密度：采用计数法，即直接对样方内所调查的种群数量进行计数，单位为株/m^2。

3.3.3.3 生物量调查

本研究在对天保工程区植被调查的基础上，重点对本研究的标准试验地进行了调查，除进行以上指标项目的调查外，还进行了地上、地下生物量调查。

（1）乔木层生物量测定。乔木层地上部分生物量的测定采用解析木法。对每个标准地（20 m×20 m）的乔木进行每木检测，测定树高、胸径。根据标准地每木调查的资料计算出全部立木的平均高度、胸高断面积，选出代表该标准地最接近这两个平均值的树木作为标准木，并对标准木进行树干解析，把样品带回实验室置于 80℃ 的烘箱 24 h，称重，求出干鲜重比率，然后以标准木为根据，计算样地及整个林分生物量。

$$W_{TL} = \overline{W_{TL}} \times (N/400) \times 1\,000$$

$$W_{TS} = \overline{W_{TS}} \times (N/400) \times 1\,000$$

式中：N 为标准地内的株数；$\overline{W_{TL}}$ 为枝叶生物量，t/株；$\overline{W_{TS}}$ 为树干生物量，t/株。

枝叶、树干分别取样称重把样品带回实验室置于 80℃ 的烘箱 24 h，称重，求出干鲜重比率，进而推算单位面积上乔木层枝叶、树干干生物量。

干生物量＝鲜生物量×样品干重÷样品鲜重

地下部分生物量的测定中，以标准木根基处为中心，标准地平均株行距为边长，设置矩形样方，分层挖取，将根系全部挖出，仔细挑出各土层中的根系，称重 $\overline{W_{TR}}$，再乘以标准地内的株数（N），得出 1 hm² 乔木根系的生物量（W_{TR}）。同时，取样称重，把样品带回实验室置于 80℃ 的烘箱中 24 h，称重，求出干鲜重比率，进而推算 1 hm² 乔木根系干生物量。

$$W_{TR} = \overline{W_{TR}} \times (N/400) \times 1\,000$$

（2）灌木层生物量测定。灌木层地上部分生物量的测定采用全部收获法。在标准地内按对角线设置 4 个 5 m×5 m 的样方，将每个样方内的灌木全部砍倒，分别称其鲜重，计算样方灌木鲜生物量平均值 $\overline{W_{TR}}$，计算 1 hm² 的灌木鲜生物量 W_{SL}。

$$W_{SL} = \overline{W_{TR}} / 25 \times 10\,000$$

然后，混合取样称重，把样品带回实验室置于 80℃ 的烘箱中烘干至恒重，求出干鲜重比率，进而推算 1 hm² 灌木根系干生物量。

干生物量＝鲜生物量×样品干重÷样品鲜重

地下部分生物量的测定中，在每个样方内，设置 1 个 1 m×1 m 的小样方，分层挖取 (0, 20] cm、(20~40] cm、(40, 60] cm、(60, 80] cm、(81, 100] cm 的土层，仔细挑出各土层中的根系，分别称其鲜重，计算小样方根系鲜生物量平均值（$\overline{W_{SR}}$），得出 1 hm² 灌木根系鲜生物量（W_{SR}）。同时，混合取样称重，把样品带回实验室置于 80℃ 的烘箱中 24 h，称重，求出干鲜重比率，进而推算 1 hm² 灌木根系干生物量。

$$W_{SR} = \overline{W_{SR}} \times 10\,000$$

干生物量＝鲜生物量×样品干重÷样品鲜重

（3）草本层生物量测定。地上部分生物量的测定中，草本层生物量的测定采用全部收获法。在标准地内设置 5 个 1 m×1 m 的样方，将每个样方内的草本植物全部剪掉，分别称其鲜重，计算样方草本植物鲜生物量的平均值（$\overline{W_{HL}}$），得出 1 hm² 草本植物鲜生物量。同时混合取样称重，把样品带回实验置于 80℃ 的烘箱中 24 h，称重，求出干鲜重比率，进而推算 1 hm² 草本植物干生物量。

$$W_{HL} = \overline{W_{HL}} \times 10\,000$$

干生物量＝鲜生物量×样品干重÷样品鲜重

地下部分生物量的测定中，将剪掉草本植物的 5 个 1 m×1 m 的样方，分层挖取 (0, 20] cm、(20, 40] cm、(40, 60] cm 的土层，仔细挑出各土层中的根系，分别称其鲜重，计算小样方根系鲜生物量平均值（$\overline{W_{HR}}$），得出 1 hm² 草本植物根系鲜生物量（W_{HR}）。同时，混合取样称重，把样品带回实验室置于 80℃的烘箱中 24 h，称重，求出干鲜重比率，进而推算 1 hm² 草本植物根系干生物量。

$$W_{HR} = \overline{W_{HR}} \times 10\ 000$$

干生物量=鲜生物量×样品干重÷样品鲜重

（4）枯枝落叶层现存量测定。在标准地内设置 5 个 1 m×1 m 的样方，收集每个样方的枯枝落叶，分别称其重量，计算样方枯枝落叶现存量的平均值（$\overline{W_L}$），得出 1 hm² 枯枝落叶层现存量。然后，混合取样称重，把样品带回实验室置于 80℃的烘箱中 24 h，称重，进而推算 1 hm² 枯枝落叶现存量干重。

$$W_L = \overline{W_L} \times 10\ 000$$

干生物量=鲜生物量×样品干重÷样品鲜重

3.3.4　土壤调查

标准试验地土壤调查包括土壤剖面调查、土壤理化性质测定。

3.3.4.1　土壤剖面调查

在标准样地内选取典型地段挖取土壤剖面，一般情况每个标准样地挖取三个剖面，其中一个为典型观察剖面，另外两个分别为检查剖面和定界剖面，剖面挖取一般长 1.5~2.0 m，宽为 0.8~1.0 m，深度在石质山地达母岩。在黄土地达母质，在沙滩或其他水位浅的地方，可挖到地下水面。

土壤剖面形态观察记载内容主要包括以下 12 个方面：层次、颜色、结构、质地、紧实度、石砾含量、根量、新生体、侵入体、湿度、碳酸钙含量和 pH 值。同时，还要记载剖面位置及其代表性、母岩和母质、植被及其总覆盖度、地下水位及水质、立地条件类型、造林地种类、土壤野外定名和调查人等。

在与植物群落相对应的样地内，对其土壤理化性质进行测定，测定深度 0~60 cm，分别为（0，20］cm、（20，40］cm、（40，60］cm 三个层次取混合土样，每个层次取三个重复。

采集混合样品的要求如下。

（1）每点采取的土样厚度、深浅、宽窄应大体一致。

（2）各点都是随机决定的，在天保工程区内观察了角解情况后，随机定点可以避免主观误差，提高样品的代表性，一般按"S"形线路采样。

（3）采样地点应避免路边、沟边和特殊地形的部位。

（4）一个混合样品是由均匀、一致的许多点组成的，各点的差异不能太大，不然就要根据土壤差异情况分别采集几个混合土样，使分析结果更能说明问题。

（5）一个混合样品重在 1 kg 左右，把各点采集的土壤放在一个盆里或塑料布上用手捏碎摊平，充分混合后，取 200 g 混合样品放在布袋或塑料袋里，其余弃去，附上标签，注明采样地点、采土深度、采样日期、采样人，标签一式两份，一份放在袋里，另一份扣在袋上，带回实验室测定其化学性质，与此同时要做好采样记录。

3.3.4.2 土壤物理性质测定

土壤容重和含水量的测定：在林地内挖掘土壤剖面，用修土刀修平土壤剖面并记录剖面的形态特征，按剖面层次，分层取样，每层3个重复。

将环刀托放在已知重量的环刀（容积为100 cm^3）上，环刀内壁稍擦上凡士林，将环刀刃口向下垂直压入土中，直至环刀筒中充满土样为止。

用修土刀切开环周围的土样，取出已充满土的环刀，细心削平环刀两端多余的土，并擦净环刀外面的土。同时在同层取样处，用铝盒采样，测定土壤含水量（或用水分仪测量水分含量）。

把装有土样的环刀两端立即加盖，以免水分蒸发。随即称重（即湿土加空铝盒重，精度到0.01 g，记为 W_1），然后打开盖，置于烘箱，在105~110℃条件下，烘至恒重（需6~8 h），再称重（即干土加盒重，记为 W_2），空铝盒的重量记为 W_3。其计算公式如下。

$$Pb = \frac{m}{v(1+\theta_m)}$$

式中：Pb 为土壤容重；m 为环刀内湿样质量；θ_m 为样品含水量,%；v 为环刀容积，cm^3，一般为100 cm^3。

允许平行绝对误差<0.03 g/cm^3，取算术平均值。

$$\theta_m = \frac{W_1 - W_2}{W_2 - W_3} \times 100$$

土壤孔隙度的测定：土壤孔隙度一般都不直接测定，而是由土粒密度和容重计算求得。

$$P_t = (1 - \frac{\rho b}{\rho}) \times 100\%$$

毛管孔隙度的测定中，将测定容重的原土样环刀上方的盖子打开，每个环刀上方铺一滤纸，然后将环刀放在有水源供应的浅盘上，使其充分吸水，经过2~3 h，环刀上方有水分湿润时，土壤中毛管水已接近饱和，取出环刀用试纸吸干，进行称重，再放回原处，每隔1 h取出，反复称重，直到恒重。

土壤毛管孔隙度采用如下公式计算。

$$P_c = (b-a-x)/v$$

式中：P_c 为毛管孔隙度,%；b 为吸水2~3 h后带土环刀重，g；a 为环刀净重，g；x 为环刀内土重，g；v 为环刀容积，cm^3。

土壤非毛管孔隙度：采用下列计算公式。

$$P_n = P_t - P_c$$

式中：P_n 为土壤非毛管孔隙度,%；P_t 为土壤总孔隙度,%；P_c 为毛管孔隙度,%。

土壤渗透测定：采用改进的环刀法，环刀内径10 cm，总高度12 cm。测定时先用环刀取土壤表层原状土，取土高度为10 cm，取样后带回在室内连同环刀浸入水中10 h。浸水时保持水面稍低于环刀表面。以免水分漫灌堵塞土壤毛孔，影响测定结果。为便于比较，最后将测定的稳定入渗速率换算成10℃时的稳定入渗系数，重复三次取平均值。浸水后放在渗透架上，在上部加水，水层厚度2 cm，下部用烧杯接渗出水，每隔2 min测量一次渗出水量。同时，立即将上部水加至原刻度，直到连续三次出水量相等时，停止试验。

渗透系数计算公式如下。

$$K_{ti} = \frac{V \times L}{H + L}$$

$$V = \frac{Q_i}{S} \times \frac{10}{t_i}$$

式中：V 为渗透速率，mm/min；S 为渗透筒横断面积，cm²；Q_i 为在时段 t_i 中渗出的水量，m³；L 为土层厚度，cm；H 为水层厚度，cm；K_{ti} 为 t 温度下的渗透系数。

土壤化学性质测定：分析项目有土壤有机质、全氮、全磷、全钾、速效氮、有效磷、速效钾。土壤有机质采用重铬酸钾氧化法；土壤全氮采用重铬酸钾-硫酸消化，凯氏定氮法；土壤全磷采用氢氟酸-高氯酸消化-钼锑抗比色法，钼锑抗比色法；全钾采用氢氧化钠碱熔-火焰光度法；土壤水解氮采用康维皿法；土壤有效磷采用碳酸氢钠浸提，钼锑抗比色法；土壤交换性钾采用醋酸铵浸提，火焰分光光度法。

3.3.5　林地水文调查

对试验地的森林水文分析项目有冠层截留和枯落物容水量等。

3.3.5.1　冠层截留

（1）乔木层截留量。乔木层截留量采用"浸水法"求出以鲜重为基准的最大持水量，即将标准枝称重后，浸入水中 5 min，然后轻轻捞出待重力水滴净后称重，进而推算得到单位面积上乔木枝叶生物量和最大截留量。

（2）灌木层截留量。在标准地内选择有代表性的样方 4 个，面积为 5 m×5 m，砍下样方内所有灌木，称鲜重，推算单位面积内灌木层的鲜重。取一定重量的灌木浸入水中 5 min，然后轻轻捞出，待重力水滴净后称重，测定灌木层的最大截留量，把样品带回实验室置于 105℃ 的烘箱中至恒重，求出干鲜重比例，可算出单位面积灌木层生物量和最大截留量。

（3）草本层截留量。在标准地内选择有代表性的样方 5 个，面积为 1 m×1 m，割下样方内所有草本植物，称鲜重，推算单位面积内草本层的鲜重。取一定重量的样品浸入水中 5 min，然后轻轻捞出，待重力水滴净后称重，测定草本层的最大截留率，把样品带回实验室置于 105℃ 的烘箱中至恒重，求出干鲜重比例，可算出单位面积草本层生物量和最大截留量。

（4）最大截留率、截留量测定。用简易吸水法分别测定乔木层、灌木层和草本层的最大截留量。乔木、灌木冠层对干、枝叶分别进行测定。其中最大截留率计算公式如下。

$$R_C = (W_a - W_b) / W_b \times 100$$

式中：R_C 为最大截留率，%；W_b 为枝叶吸水前重，g；W_a 为枝叶吸水后重，g。

最大截留量计算公式如下。

$$M_r = R_c \times R_b / 10\,000$$

式中：M_r 为最大截留量，mm；R_c 为最大截留率，%；R_b 为地上生物量，kg/hm²。

3.3.5.2　枯落物容水量

在标准地内设置具有代表性的样方 5 个，面积为 1 m×1 m，测量枯落物的厚度，然后收集枯落物称重，计算单位林地面积枯落物现存量，并取一定重量的样品带回，通过浸泡、称重、烘干测定其含水率和饱和吸水率。然后计算枯枝落叶层的最大容水量。

(1) 枯落物水容率计算如下。

$$R = (W_a - W_b)/W_b \times 100$$

式中：R 为枯落物水容率，%；W_a 为经 8~10 h 浸泡后的带水枯落物重，g；W_b 为枯落物干重，g。

(2) 枯落物水容量计算如下。

$$M = (W_a - W_b)/S \times 100$$

式中：M 为枯落物水容量，mm；W_a 为经 8~10 h 浸泡后的带水枯落物重，g；W_b 为枯落物干重，g；S 为小区面积，cm^2。

3.3.6 遥感监测方法

为了研究的需要，一般选择影像清晰、反差适中、时相好、各项指标均能符合要求、容易辨别地类地物的遥感影像数据。对于所获取的遥感影像数据，需要进行预处理才能正式使用。常用的 Landsat TM 影像在地面接收站即进行过较粗的辐射校正和几何校正，除高精度的定量应用外，Landsat TM 影像一般只需进行几何精校正即可，校正后，进行图像处理、波段合成及图像拼接、裁剪处理，以期进一步发掘遥感影像的潜在信息，突出和显示目标物的所需专题特征信息。

根据不同土地利用类型的光谱反映特征建立解译标志，采用目视解译法识别影像的特征属性，并结合野外调查资料对影像进行监督分类，得到遥感分类图，比较各时的遥感分类图，完成监测的详细图。

第4章 内蒙古天然林资源保护工程建设成效

4.1 内蒙古自治区概况

4.1.1 自然地理概况

(1) 地理位置。内蒙古自治区天然林资源保护区主要位于自治区东北部，地跨呼伦贝尔市和兴安盟的9个旗市（牙克石市、扎兰屯市、根河市、额尔古纳市、鄂伦春自治旗、鄂温克族自治旗、阿荣旗、莫力达瓦达斡尔族自治旗、阿尔山市）。

该区域东部与黑龙江省嫩江地区毗邻，西部与呼伦贝尔草原及蒙古国、俄罗斯相邻，南部与兴安盟科右前旗相连，北以额尔古纳河与俄罗斯为界。地理坐标为北纬46°21′~53°20′、东经119°00′~125°15′。工程区总土地面积1 343.32万 hm^2。

(2) 地形地貌。该区域具有典型的大兴安岭中低山地貌。大兴安岭主脉呈东北—西南走向，工程区分布在主脉东西两侧。东侧山势延长陡峻，并逐渐从中山至低山丘陵过渡下降为东北平原；西侧山体伸展较短并徐徐下降没入呼伦贝尔高平原。河谷海拔一般在300~900 m，山脉海拔高度1 300~1 750 m。

(3) 土壤。该区域土壤类型分布随地势变化而改变，其地带性土壤有棕色针叶林土、灰色森林土、暗棕壤、黑钙土等；非地带性土壤有草甸土、沼泽土、粗骨土等。土层厚度随坡向、坡位不同而变化，一般山体下部土层较厚，为30~70 cm，山体上部或阳坡土层较薄。

(4) 水系。工程区因大兴安岭岭脊从中间穿过，自然区分为两个水系，即东部嫩江水系和西部额尔古纳河水系，均属黑龙江流域。区域内水源充沛，分布有大小河流300余条，其主要河流有雅鲁河、绰尔河、洮尔河、免渡河、伊敏河、海拉尔河。这些河流是嫩江和额尔古纳河的一级支流及主要汇水区。

(5) 气候。工程区地处寒温带向温带过渡的中温带亚湿润气候区，属寒温带大陆性季风气候。冬季寒冷而漫长，夏季短促而湿热多雨，春季干旱多风，秋季降温快，四季分明，昼夜温差大。年平均气温在-4~-1℃，年平均降水量350~510 mm，植物生长期一般在85~110 d，大于10℃年积温在1 300~1 700 ℃，年平均风速3.8 m/s。

(6) 动植物资源。本区域内共有植物201科681属1 696种，其中，列入国家保护的珍稀濒危植物28种；野生动物333种，其中，国家一级保护动物16种，国家二级保护动物52种。区域内林下资源较为丰富，以野生经济植物为主，主要有四大类上百种。食用植物有蕨菜、蒲公英、狭叶荨麻、柳蒿芽、黄花菜等；野果主要有笃斯、越橘等；食用菌主要包括木耳、猴头菇等；药用植物 220 多种，以豆科、毛茛科、菊科、伞形科、唇形科植物居多；榛子、香茅、偃松等油料植物以及为数众多的纤维植物，形成了林区丰富的林下资源。

4.1.2 社会经济概况

（1）内蒙古森工集团工程区社会经济概况。2010 年工程区林业产业总产值（现价）459 943 万元，系统内生产总值（现价）为 228 109 万元，工程区三次产业比例为 51∶21∶28，在岗职工平均工资为 17 873 元。至 2010 年末，林业人口为 36 万人，人口密度 3.3 人/hm^2，林业在册职工为 103 798 人。林区现有各类道路 15 888.8 km，公路网密度 1.49 m/hm^2，其中不达标道路占 31.3%。目前，内蒙古森工集团下辖 17 个森工局、2 个营林局、1 个原始林区管护局和 21 个森调、科研、航空护林、自然保护区管理等企事业单位。

（2）岭南"八局"及"三旗市"社会经济概况。工程区共有人口 142.7 万人，工程区人口密度 39 人/km^2。工程区林业人口 124.8 万人，林区贫困人口 52.4 万人。工程区 2010 年国内生产总值 780.84 亿元，其中，第一产业生产总值 155.00 亿元，第二产业生产总值 304.91 亿元，第三产业生产总值 320.93 亿元。工程区财政收入 119.18 亿元。

4.1.3 生态、经济、社会等状况改善途径

（1）生态方面。一是实施好天保工程二期。不折不扣地执行木材减产计划，全面落实工程的各项任务，调整、充实各级生态保护建设队伍，完善管护责任制度，全面提高工程投入效益。二是确保森林生态功能区完整。采取多种措施，争取政策支持，提高投入。加强林缘守护，加快植被恢复，修复生态系统。三是强化依法治林。健全完善制度，强化队伍建设，构建森林生态系统监测评估体系。四是加强灾害预防治理，完善森林火灾预防、扑救、保障三大体系。五是突出重点区域，提升保护层次。完善自然保护区机构、功能建设，提高保护等级。六是因地制宜实行更新造林、人工促进更新、封山育林，促进森林质量不断提高，森林面积、蓄积增长显著，固碳功能增强。

（2）经济方面。一是推进生态产业化。引入市场经营机制，在生态保护建设、森林经营的各个环节按照产业化的要求，提高生态建设的产业化规模和水平。二是谋划好木材及经济林培育产业的发展。三是实现木材生产集约化、精细化，提高资源利用率和经济效益。四是全面提升生态旅游产业。五是积极推进对俄森林资源开发合作。六是稳步推进生态矿业。七是积极探索碳汇交易和投资新兴产业。八是积极支持地区经济和社会事业项目建设，推动生产要素流动整合。

（3）社会方面。一是提高职工收入。进一步改进分配制度，完善职工收入增长和保障机制，建立企业最低工资标准制度。建立住房公积金制度，改进职工取暖补贴方式、拓宽职工增收渠道，实现职工增收目标。二是进一步完善社会保障体系。积极争取和落实上级政策，与国家和地区同步提高林区参保群体的保障层次和待遇。三是完善基础设施建设。四是持久有序地开展平安林区建设。

4.1.4 天然林保护一期工程建设成效

（1）森林资源保护取得历史性成果。天保工程实施以来，重点国有林区全面落实森林管护、公益林建设和调减木材产量等政策措施，工程区森林面积和森林蓄积持续"双增

长",实现了森林资源由过度消耗向恢复性增长转变。工程区森林面积增加 73.2 万 hm^2;森林蓄积增加 1.55 亿 m^3,森林覆盖率增加 5.4 个百分点。

据第六次全国森林资源清查(1999—2003 年)统计,内蒙古自治区森林覆盖率 17.70%,林地总面积 4 403.61 万 hm^2。有林地面积 1 616.14 hm^2;其中林分面积 1 608.23 万 hm^2、经济林面积 7.91 万 hm^2;疏林地 66.53 万 hm^2,灌木林地 452.33 万 hm^2,未成林地 192.51 万 hm^2,苗圃地为 0.66 万 hm^2;无林地面积 2 075.44 万 hm^2;其中宜林荒山 1 017.29 万 hm^2。

(2)生态状况实现系统性恢复。通过天保工程内蒙古重点国有林区森林涵养水源、保持水土、碳汇、释氧等功能明显增强,林区森林生态功能得到恢复,自然灾害明显减少。嫩江流域、额尔古纳河流域及其周边的生态状况得到了极大的改善,为工农牧业发展提供了坚实的保障。天保工程区野生动植物的生存环境进一步得到改善,野生动植物的数量和种类明显增多,生物多样性增加,生态系统稳定性增强。工程区内马鹿、驼鹿、棕熊、猞猁、细嘴松鸡、花尾榛鸡、大天鹅、丹顶鹤、雪兔、飞龙、灰鹤、鸳鸯、野猪、狍子等野生动物种群数量大大增加。

(3)产业结构调整迈出实质性步伐。在实施天保工程一期建设中,各地围绕解决林区资源危机、经济危困的"两危"问题,大力发展新兴产业、替代产业和接续产业,加快推动林区经济转型,逐步实现了由单一提供木材产品向主要提供生态产品转型,由注重利用林木资源向综合利用林地资源转变,由单一国有经济向多种所有制经济共同发展转变。在重点国有林区天保工程区,综合开发利用林地资源,大力培育森林食品、生态旅游、药材培植、野生动物驯养繁殖等产业,取得了良好的经济效益和生态效益。

(4)林区民生得到根本性改善。通过天保工程一期建设,林区职工群众的生活水平显著提高,精神面貌焕然一新,林区社会保持和谐稳定。实施天保工程一期以来,工程区就业方式呈现多元化,林区职工收入均有较大幅度提高。职工社会保障体系逐步完善,由工程实施初期的养老保险"一险"发展到养老、医疗、失业、工伤、生育保险"五险",为职工解除了后顾之忧。通过国有林区棚户区改造项目的实施,使林业职工的住房、饮水、取暖、交通等生产生活条件有了很大的改善,促进了林区社会的和谐发展。

(5)体制机制改革取得突破性进展。2007 年,内蒙古自治区党委、政府做出剥离内蒙古森工集团社会职能改革的重大决策,自治区财政每年拿出十几个亿资金支持改革,呼伦贝尔市和兴安盟做了大量的承接工作,集团承担的社会职能得以顺利剥离,文教、卫生、广电系统 138 个机构和 13 088 名职工、9 635 名退休人员移交属地政府管理,200 家辅助企业也进行了产权制度改革,实现主辅分离。在自治区党委、政府的重视和支持下,岭南"八局"承担的文教、卫生、广电等社会职能正逐步移交地方管理。同时,岭南"八局"改进了国有林业经营方式,进一步放活经营机制,积极探索有效的经营管护模式。

4.2 内蒙古天然林资源保护工程的内容与措施

天保工程是一项复杂的系统工程,主要内容和措施是国家调整了林业的经营发展方向,并对天然林重新分类与区划,将天然林资源的保护、培育和发展相结合,既维护和改善生态环境,又满足社会和国民经济发展对林产品的需求,同时加强林区经济发展,加大林业管理体制和林业企业改革力度，调整和优化林区经济结构，培育新的经济增长点，妥善分流安置富余人员。

内蒙古将东北地区成片的归国家所有的天然林区作为国家生态环境建设的重点划为天保工程区。这些林区是内蒙古最大的森林资源培育基地和木材、林副产品供应基地，是生物多样性保护最大的栖息地。这些地区大都是老、少、边、穷地区，经济贫困、生态环境恶化，国有林业企业走入资源危机和经济危困的低谷之中。

4.2.1 中国天然林资源保护工程的实施概况

20世纪90年代后期，罕见的沙尘暴和特大的洪涝灾害对改革开放后忽视生态建设而引起的生态环境恶化问题提出了警示，1996年朱镕基同志强调"少砍树，多栽树，把森老虎请下山"，1997年江泽民同志发出"再造秀美山川"，也由此为天保工程的实施拉开了序幕。1998年中共中央、国务院从社会经济可持续发展的战略高度出发，确定了实施天然林资源保护工程的重大决策。1998—1999年，进行天然林资源保护工程试点。2000年10月24日，国务院正式批准《长江上游、黄河上中游地区天然林资源保护工程实施方案》，内蒙古天保工程正式实施。

天保工程是一项重要的生态建设工程。就是通过调减和停止天然林采伐，大力营造人工林，促进天然林资源的恢复与发展；通过建立转产项目，调整和优化经济结构，恢复和发展经济来分流安置林区富余职工，解决我国主要天然林区的休养生息和恢复发展问题，保护生物多样性，从根本上遏制生态环境恶化趋势，促进社会经济的可持续发展。

我国天保工程实施范围主要包括长江上游、黄河上中游地区和东北、内蒙古等重点国有林区的重点国有森工企业、生态地位重要的地方森工企业、采育场、国有林场、集体林场，共涉及17个省（自治区、直辖市）、734个县、163个森工局。整个工程所覆盖的天然林面积为0.74亿hm^2，占全国1.07亿hm^2天然林的69%。

天保工程是一项复杂的系统工程，为了实现上述目标，国家通过调整森林分类经营与区划、加强生态公益林建设、实施退耕还林、加大商品林建设、实行转产项目建设、进行人员分流、推进工程基础保障体系建设等项措施来确保工程顺利实施。

（1）森林分类经营与区划。以现代林业理论、林业分工论、可持续发展理论为指导，结合社会对森林的生态和经济的不同需求，以及森林多种功能和利用方向的不同，按照自然条件和社会经济条件将林业用地划分为生态公益林和商品林两类。其中，生态公益林又根据保护程度的不同将其划分为重点保护的生态公益林（简称为重点公益林）和一般保护的生态公益林（简称为一般公益林），并按照各自特点和规律确定其经营管理体制和发展模式，以充分发挥森林的多种功效。

（2）生态公益林建设。就是通过营造水源涵养林和水土保持林，增加林草植被，以涵养水源、改善和减少长江上游的水土流失。

（3）退耕还林。退耕还林就是将25°以上坡耕地、沙化耕地、盐碱化耕地，以及风景旅游地区耕地的退耕还林。通过退耕还林，恢复和重建森林生态系统，增强水源涵养功能和水土保持功能。

（4）商品林建设。加强商品林建设，就是为了解决天保工程实施以后，因大幅度调减木材产量，导致木材供需缺口增大，木材供求突出的矛盾。

（5）转产项目建设。转产项目建设就是要通过调整林区经济结构、培育替代产业，从根本上扭转并解决"两危"局面和"木头财政"。

（6）人员分流。天保工程实施后，木材产量的减少，大量的富余职工需要分流和转产安置，做好人员分流工作是保持社会稳定和天保工程顺利实施的关键。

（7）工程基础保障体系建设。天保工程的配套工程包括加强科技教育体系、种苗繁育体系、基础设施体系、森林保护体系和林业信息管理体系等五大基础保障体系建设。

4.2.2 内蒙古天保工程的阶段目标

按照国务院天保工程实施方案，天保工程的建设期为2000—2010年，工程实施分三个阶段，其阶段目标任务如下。

（1）近期目标。1998—2000年，调减木材产量、加强生态公益林建设与保护，分流和妥善安置富余职工。

（2）中期目标。2001—2010年，加强生态公益林建设与保护，建设转产项目，培育后备资源、提高木材供给能力，恢复和发展经济，基本实现木材生产以采伐利用天然林为主向利用人工林方向的转变，森工企业实现战略性的转移和产业结构的合理调整，步入可持续经营的轨道。

（3）远期目标。2011—2050年，天然林资源得到根本恢复，基本实现木材生产以利用人工林为主，林区建立起比较完备的林业生态体系和合理的林业产业体系。

4.2.3 内蒙古天保工程的主要措施

为了达到上述目标，天保工程的具体措施如下。

一是调整森林资源经营方向，对天然林进行分类区划，对划入重点生态公益林的森林实行严格管护，坚决停止商品性采伐，对划入一般生态公益林的森林，大幅度调减森林采伐量。

二是管护森林资源，加强公益林建设。为保护森林资源，天保工程调减重点国有林区木材产量，并采取专业队管护和个体承包管护相结合的模式，对现有有林地、疏林地、灌木林地、未成林林地进行管护。采取封山育林、人工造林、飞播造林方式，进行公益林和速生丰产林建设。这些措施有望增加森林资源增量，提高森林资源存量，确保森林资源恢复性发展。

三是妥善安置下岗职工，构建林区社会保障体系。木材产量调减后，对于富余职工，天保工程采取分流安置、进入再就业服务中心、一次性安置三项措施，进行富余职工安置。为了构建国有林区社会保障体系，保障林区社会稳定发展，天保工程对林业职工实施了基本养老、失业、医疗、生育、工伤五项保险，对于生活困难职工进行生活补助，并把部分生活特别困难群体纳入当地社会救济体系。

四是对公检法、医疗卫生、教育等林区社会职能部门进行财政补助，以财政转移支付方式，对地方财政减收给予补助，确保林区社会稳定发展。

五是实现森工企业战略性转移和产业结构合理调整，使企业发展步入可持续经营轨道。内蒙古天保工程的投资标准见表4-1。

表 4-1 天保工程投资标准

内容	标准
封山育林（草）	近山区、人口稠密地区，按封育 5 年，每年 14 元/亩，即每亩 70 元计算；远山区、交通不便地区，采取封山堵卡
飞播造林	近山区、人口稠密地区，按每亩 120 元计算，其中飞播造林每亩 50 元，封山育林每亩 70 元；远山区、交通不便地区，飞播造林每亩 50 元，飞播后采取封山堵卡管护
人工造林	地区每亩补助 200 元
森林管护事业费	管护对象为有林地、灌木林地和未成林造林地，按照每人管护 5 700 亩，每人每年管护费标准 10 000 元计算
下岗职工基本生活保障费	根据国家有关文件精神，结合各地实际，对下岗职工实行基本生活保障费补助
职工一次性安置费	按职工上年平均工资的 3 倍测算；内蒙古大兴安岭地区每人每年 8 000 元（3 年 2.4 万元）
基本养老保险费补助	按在岗职工应发工资总额的一定比例缴纳基本养老保险费
社会性支出补助	教育经费每人每年补助 12 000 元，医疗卫生经费每人每年补助 6 000 元，公检法司经费每人每年补助 15 000 元

注：1 亩 ≈ 667 m²，1hm² = 15 亩。

为了确保工程顺利实施，天保工程在管理机制上实行工程建设项目法人责任制。国家把天保工程建设实行目标、任务、资金、责任"四到省"，省级政府对工程实施全面负责，省级以下层层落实责任，并把工程建设的好坏作为考核各级地方政府与领导干部的一项重要内容（庞恒才 等，2001）。

4.3 内蒙古天然林资源保护工程建设对森林资源恢复的影响

4.3.1 森林资源的变化

内蒙古天保工程实施后，由于贯彻"生态建设、生态安全、生态文明"的战略思想，坚持"严格保护、积极发展、科学经营、持续利用"的指导方针，实施以生态建设为主的林业发展战略，森林资源保护与发展取得了显著成绩。由于国家重视生态建设，各地强调了实施科技造林，全社会群众性造林绿化运动蓬勃发展，造林取得了显著成效。在森林采伐消耗方面，坚持实行森林采伐限额制度，有效地控制了资源过量消耗。目前，我国森林资源状况已经得到了明显改善，森林覆盖率明显提高，森林面积持续增长，森林蓄积稳步增加，森林质量有所改善，龄组结构和林种结构渐趋合理，表明我国以木材生产为主向以生态建设为主的林业历史性转变已初见成效；非公有制林业成效突显，所有制形式和投资结构开始趋向多元化。从第六次森林资源清查开始，森林资源初步呈现出良好的增长态势，森林蓄积也在缓慢增长，我国森林资源整体质量开始好转，反映森林结构的各项指标朝着合理化方向转变，森林生产力提高，森林生态功能有所增强，也说明天保工程已初见成效。

4.3.2 森林面积、蓄积、覆盖率得到恢复性增长

我国森林资源清查数据表明,天保工程实施后,内蒙古森林资源得到快速增长。从第五次到第六次清查间隔期内,森林覆盖率年增长达4.97个百分点,在第六次到第七次间隔期内,平均增长超过2.3个百分点。从地域性差异来看,内蒙古东北地区最适合森林生长,如果人类活动不对森林生态系统进行破坏,那么森林就容易得到恢复(表4-2)。

表4-2 内蒙古森林覆盖率统计　　　　　　　　　　　　单位:%

时间	内蒙古	全国
第五次(1994—1998年)	12.73	16.55
第六次(1999—2003年)	17.70	18.21
第七次(2004—2008年)	20.00	20.36

从森林清查数据来看,内蒙古第七次森林资源清查林业用地面积4 394.93万 hm^2,森林面积为2 366.40万 hm^2,森林蓄积为136 073.62万 m^3,是天保工程实施前,即分别为第五次的1.38倍、1.61倍、1.16倍。这说明天保工程的实施促使内蒙古地区森林面积增长较快,森林蓄积实现恢复性增长(表4-3)。

表4-3 内蒙古森林面积和蓄积变化情况

时间	种类	内蒙古	全国
第五次(1994—1998年)	林业用地面积/万 hm^2	3 181.95	26 329.47
	森林面积/万 hm^2	1 474.85	15 894.09
	森林蓄积/万 m^3	116 859.43	1 248 786.39
第六次(1999—2003年)	林业用地面积/万 hm^2	4 403.61	28 492.56
	森林面积/万 hm^2	2 050.67	17 490.92
	森林蓄积/万 m^3	128 806.70	1 361 810.00
第七次(2004—2008年)	林业用地面积/万 hm^2	4 394.93	30 590.41
	森林面积/万 hm^2	2 366.40	19 545.22
	森林蓄积/万 m^3	136 073.62	1 491 268.19

4.3.3 内蒙古天保工程的中期目标基本实现

首先在公益林建设方面,1998—2008年,内蒙古地区天保工程实施中,累计完成公益林造林面积20 269.88万 hm^2,相当于1998年全国森林面积15 363.23万 hm^2的13.19倍。调查表明,内蒙古天保工程造林质量基本符合国家验收标准,人工造林计划完成率和成活率、飞播造林计划完成率和成效率、封山育林计划完成率和成效率这几项指标均为优。其中,人工造林成活率在85%以上,保存率为81%以上。说明内蒙古既圆满完成公益林建设任务,又比较重视巩固公益林建设成果。调查结果显示,内蒙古森林面积和蓄积的变化得益于天保工程在公益林建设上的显著成效(表4-4)。

第4章 内蒙古天然林资源保护工程建设成效

表4-4 内蒙古天保工程造林情况　　　　　　　　　　　　　单位：hm²

年份	内蒙古完成造林面积	工程区管护面积	全国完成造林面积	工程区管护面积
1998年	40 020	—	318 046	—
1999年	58 505	—	489 946	—
2000年	20 800	143 696	426 373	4 557 969
2001年	206 616	11 338 288	948 081	88 605 100
2002年	165 693	9 682 826	856 077	90 268 229
2003年	103 715	3 371 292	688 257	87 892 153
2004年	77 768	3 819 862	641 446	87 834 115
2005年	67 594	12 953 848	424 808	96 789 681
2006年	66 917	13 903 903	224 199	98 377 237
2007年	123 338	14 198 067	732 882	99 308 272
2008年	120 312	15 434 078	1 009 016	103 642 342
2009年	238 350	13 783 467	1 360 913	101 225 049
2010年	116 902	15 400 717	885 479	104 857 371
2011年	87 317	19 899 207	553 564	115 961 799
2012年	116 496	20 362 741	485 203	114 093 967
2013年	88 297	19 979 317	460 301	114 405 827
2014年	39 935	20 511 902	410 508	114 583 848
2015年	40 041	20 966 128	154 397	114 267 121
2016年	93 352	20 561 946	487 310	114 971 673
2017年	80 917	20 919 523	390 298	115 302 657
2018年	74 103	20 618 059	400 601	115 079 115
合计	2 026 988	277 848 867	12 347 705	1 882 023 525

其次，在森林资源管护方面，内蒙古地区认真落实森林管护责任制，近山区实行家庭管护承包经营，远山区实行封山育林，各项措施基本得到落实。内蒙古地区天保工程区面积为累计2 026 988 hm²，2018年管护面积就已经达到了277 848 867 hm²。内蒙古地区认真落实了天保工程的管护计划，不仅把有林地、疏林地和未成林地要地纳入了管护范围，而且对其他类型的林地也采取了有效的管护措施。这就使管护面积大于规划管护面积。

最后，在木材采伐方面，内蒙古地区按照天保工程的要求，落实木材调减任务，严格按照国务院下达的年度森林采伐限额指标执行（木材生产计划指标为采伐限额指标的75.8%）。从2000年起，内蒙古地区全面停止了对天然林的商品性采伐。据样点调查表明，木材产量只有3 590.490 9万 m³。而且木材产量的90%是来自人工林。由此可见，内蒙古地区天保工程木材产量调减任务基本完成，确定的天然林休养生息的目标已经初步得到落实

（表4-5）。

表4-5 内蒙古木材采伐情况　　　　　　　　　　　　　　单位：万 m³

年份	内蒙古自治区木材采伐	全国木材采伐合计
1998年	348.332 0	1 813.200 9
1999年	195.310 0	305.400 0
2000年	127.150 0	177.410 0
2001年	256.863 4	1 202.309 9
2002年	256.240 8	1 140.216 1
2003年	20.399 5	923.467 0
2004年	314.709 3	1 250.503 3
2005年	263.166 5	1 248.565 7
2006年	266.359 7	1 351.686 5
2007年	336.553 1	1 451.349 0
2008年	273.828 1	1 679.284 4
2009年	253.520 5	1 484.018 0
2010年	263.023 6	1 299.484 1
2011年	138.521 9	1 114.320 4
2012年	134.677 1	1 044.456 6
2013年	126.271 1	924.041 7
2014年	15.564 3	680.556 5
合计	3 590.491 0	19 090.270 0

从天保工程资金投入与使用的情况来看，内蒙古地区累计投资完成资金3 442 636万元，这说明天保工程资金到位情况与使用情况整体较好，这对于保障天保工程的顺利推进，具有非常重要的意义（表4-6）。

表4-6 内蒙古天保工程资金投入与使用的情况

年份	投资情况	金额/万元
1998年	投入资金	310 270
	投资完成	312 494
1999年	投入资金	778 598
	投资完成	777 508
2000年	投入资金	215 076
	投资完成	134 409

续表

年份	投资情况	金额/万元
2001 年	投入资金	82 909
	投资完成	82 909
2002 年	投入资金	107 043
	投资完成	103 948
2003 年	投入资金	26 919
	投资完成	24 692
2004 年	投入资金	96 337
	投资完成	96 110
2005 年	投入资金	67 568
	投资完成	67 494
2006 年	投入资金	78 200
	投资完成	78 180
2007 年	投入资金	—
	投资完成	87 812
2008 年	投入资金	—
	投资完成	103 109
2009 年	投入资金	—
	投资完成	107 036
2010 年	投入资金	—
	投资完成	87 484
2011 年	投入资金	—
	投资完成	264 999
2012 年	投入资金	—
	投资完成	327 526
2013 年	投入资金	—
	投资完成	345 507
2014 年	投入资金	—
	投资完成	441 419

从以上天保工程的整体实施情况来看，内蒙古地区能够认真落实天保工程的实施规划要求，将调减木材产量落到实处，实现了"公益林建设好、森林资源管护好、富余职工安置好、工程资金使用好"的目标。

但是，在森林资源总量增长的同时，调查发现林区家庭烧柴等人类活动对森林资源的破坏较大。2006 年，样本企业内家庭烧材量为 94.34 万 m^3/年，每户年均烧材量为 3.99 m^3/年，家庭烧材用量占样本企业内森林蓄积自然增长量的 345.90%。而在 2006 年样本企业森林受灾面积共计 23.80 万 hm^2，占森林总面积的 2.65%，是当年公益林建设总面积的

3.99倍。

4.4 内蒙古天然林资源保护工程建设主要成效和经验

1998年长江流域和松花江、嫩江流域特大洪灾后,中共中央、国务院决定在四川、云南等12个省(自治区、直辖市)国有林区开展天保工程试点。2000年国务院批准了国家林业局、国家计划委员会、财政部、劳动保障部联合上报的《东北、内蒙古等重点国有林区天然林资源保护工程实施方案》,天保工程一期全面实施。工程范围包括内蒙古、吉林、黑龙江(含大兴安岭)、海南、新疆共5个省(自治区)的86个国有重点森工企业、16个地方森工企业,以及部分地方国有林场和县级林业局(场);实施期限为2000—2010年;累计投入资金588亿元,其中中央投入559亿元,占95.1%,地方配套29亿元,占4.9%。

工程实施以来进展顺利,取得了丰硕成果,工程区发生了一系列深刻的变化,远远超出预期效果。

4.4.1 主要成效

(1) 森林资源恢复性增长,生态状况明显好转。森林面积和森林蓄积持续增长。有效管护森林资源3 390万 hm^2,森林面积净增161.4万 hm^2,森林覆盖率增加4.1个百分点,森林蓄积净增2.73亿 m^3。累计调减木材产量8 426万 m^3,减少森林资源消耗1.44亿 m^3。生态状况明显改善。据松花江一级支流汤旺河2008年的水文资料,泥沙含量由1997年的39.1 g/m^3 降为16.1 g/m^3,降低了58.8%;泥沙输送量由1997年的25万 t/年降为2.57万 t/年,降低了89.7%。野生动物植物生存环境不断改善,生物多样性得到有效保护,国家重点保护的野生动植物数量明显增加。

(2) 职工收入明显提高,社会保障不断完善。天保工程缓解了林区经济危困的局面,保障了企业正常运转和林区职工基本生活,企业长期拖欠职工工资和离退休金等影响林区稳定的问题得到较好解决。工程投入已成为林业职工收入和社会保障的主渠道。2008年工程区林业职工人均工资8 669元,是1999年3 087元的2.81倍。林区就业呈现多元化,转岗分流安置富余职工77.2万人,其中16.4万人参加森林管护,职工60.8万人(其中全民职工35.1万人)一次性安置,离开原企业灵活就业。林业职工积极开展林果采集、林下种养、森林旅游等多种经营,部分职工家庭实现了一人承包、全家就业。社会保障体系初步建立并不断完善,职工基本养老和医疗保险参保率分别达99.5%和87.7%,初步实现老有所养、病有所医。同时,在国家扩大内需政策的支持下,通过重点国有林区棚户区改造和国有林场危旧房改造等规划的实施,使职工住房、饮水、取暖等生活条件也有了进一步改善。

(3) 减轻了企业负担,促进了森工企业改革。根据35个重点国有森工企业监测数据反映,到2008年底,企业负债下降了63.4%。各地结合实施天保工程,积极推动森工企业改革。内蒙古森工集团等单位剥离了企业办社会职能,将企业所办的学校、医院等机构和人员移交地方政府管理。内蒙古森工集团在全林区实施了辅业改制工作,实现了国有资产、国有职工身份"双退出"。大兴安岭林业集团开展了林业局内部政企分开、事企分开、资源管理与生产经营分开改革试点。这些改革和探索,为建立天然林保护长效机制奠定了重要基础。

(4) 生态意识深入人心,社会影响不断扩大。天保工程建设取得了集生态保护、宣传教育、社会行动于一体的效果，有力地促进了森林资源保护和生态文明建设。新疆维吾尔自治区在木材产量减产到位后再次减产 8 万 m^3，工程区全面停止了天然林采伐。天保工程的实施，催生了一大批以天然林保护为题材的生态文化产品，提高了人民群众的生态文明意识。天保工程也产生了重要的国际影响，赢得了国际社会广泛关注和高度赞誉。

通过天保工程一期的实施，工程区实现了森林资源由过度消耗向恢复性增长转变，生态状况由持续恶化向逐步好转转变，林区经济社会发展由举步维艰向稳步复苏转变。实践证明，中共中央、国务院作出实施天保工程的决策是完全正确的，得到了工程区各级党委、政府和广大人民群众的积极拥护与支持，受到了社会各界的普遍赞誉。

4.4.2 主要经验

（1）坚持保护森林资源，严格执行木材产量调减。工程实施以来，各地采取有力措施，严格采伐管理，坚决制止超限额采伐，遏制森林资源下降趋势，工程区木材产量按计划减产到位，森林资源实现了面积、蓄积双增长。林区每年开展以木材采伐总量、销售总量和运输总量为内容的"三总量"检查，严格控制资源消耗。工程区相继开展了以打击违法采伐及乱砍盗伐等为重点的"天保一号行动""天保二号行动"等，集中处理了一批重点案件。林业、公安、政法、监察等部门齐抓共管，加大了多部门联合检查和督察的力度，确保天保工程的顺利实施。

（2）坚持以人为本，着力解决民生问题。各地坚持以人为本，落实政策，千方百计拓宽渠道，妥善转岗分流安置富余职工。一是落实好天保工程安置政策，促进职工转岗就业。有职工 16.4 万人分流到森林管护岗位，开展林下经营活动，做到管护与经营结合。实行一次性安置的职工，尊重个人意愿，依法办理相关手续，部分职工群众通过市场开拓了新的事业。转到其他新岗位的职工，实行竞聘上岗，绩效考核。二是切实解决历史遗留问题，解除职工后顾之忧。工程区普遍解决了职工工资历史拖欠，补发了拖欠工资；基本实现了职工社会养老保险省级统筹，医疗、失业、工伤、生育保险地方统筹。通过国有林区棚户区改造，将改造工作和山上林场撤并工作相结合，一部分职工集中到小城镇居住，教育、医疗条件和职工住房、饮水、取暖等生活条件也有了进一步改善。

（3）坚持从调整结构入手，不断加快林区经济发展。各实施单位紧紧抓住实施天保工程机遇，积极调整林区产业结构，努力实现林业经济向林区经济、单一国有经济向多种所有制经济转变。据对 35 个重点国有森工企业监测，一、二、三产业的产值比例由 1997 年的 19∶69∶12 调整为 2008 年的 55∶27∶18。第三产业的比重不断提高，森林生态旅游成为一大亮点。大兴安岭林业集团积极开展对俄森林资源采伐，境外采伐人数达 9 769 人次，累计生产木材 239.4 万 m^3。龙江森工集团森林旅游从 1997 年收入不足 200 万元，提高到 2008 年的 8.3 亿元，内蒙古大兴安岭林区生产总值的增速由 2000 年的 -7% 提高到 2008 年的 13.78%。林下经济得到长足发展，东北国有林区的中药材、食用菌、山野菜产量分别达到了 1.17 万 t、4.67 万 t 和 1.99 万 t。

（4）坚持以改革为动力，不断提升林区发展活力。各地抓住实施天保工程机遇，积极推进改革。一是加快企业办社会职能的剥离，实行主辅业分离改革，努力构建符合社会主义市场经济要求、充满生机活力的体制机制。二是加强森工企业内部改革，实现减员增效。内蒙古森工集团在推进剥离企业办社会职能改革的同时，积极开展各级机构和劳动用工制度改革，压缩编制，精减人员，实行效能化管理。林管局机关部门、管理人员、处级干部分别减少 25%、14%和 9.6%。各林业局统一核定员工总数，对事业单位和管理人员实行岗位聘用制、职务聘任制，林管局统一管理职工的招录、招聘工作，杜绝了一边分流、一边进人的现象。三是推进林区布局调整，优化林区发展合力。黑龙江清河林业局优化生产布局，将林场由 18 个撤并为 7 个，并通过土地置换把在森林腹地的两个村屯和零星住户整体搬迁，实行生态移民 1 270 户、3 500 余人，大大减轻了森林资源的承载压力和人为破坏。

（5）坚持以"四到省"为重点，不断强化工程管理。各级政府成立了工程建设领导小组，统一研究协调工程建设的重大问题。地方各级政府都建立了工程建设目标责任制，签订责任状，从上到下建立起完善的目标、任务、资金、责任"四到省"管理体系。成立了工程建设管理机构，加强了管理队伍建设，保证了工程顺利实施。强化规章制度建设，完善各项实施办法，如《天然林资源保护工程"四到省"考核办法》《天然林资源保护工程管理办法》《天然林资源保护工程核查验收办法》《天然林资源保护工程森林管护管理办法》《天然林资源保护工程财政专项资金管理规定》《天然林资源保护工程资金会计核算办法》等。不断强化了工程资金使用、工程核查等监督，加强森林管护考核、工程信息报送及档案管理等工作，实现了各项工作有章可循。国家、省、县建立了三级核查制度，每年根据核查结果，进行评分排名考核，鼓励先进，督促后进，对核查出的问题限期整改落实，确保工程质量。

第5章 内蒙古天然林资源保护工程生态效益评价

5.1 评估指标及评价方法构建

天保工程实施的目的是保护和恢复天然林资源，实现森林的可持续经营。森林的生态效益、经济效益和社会效益的统一是森林可持续经营的核心。自从1992年联合国环境与发展大会后，世界各国对森林综合效益评价指标体系进行了研究。国外对森林经营的评价指标主要有蒙特利尔行动纲要、赫尔辛基行动、亚马孙行动、国际热带木材组织等。国内对森林综合效益的研究也进行了一定的探索，但对评价指标体系的研究尚不系统。建立科学合理的评价指标体系关系到评价结果的正确与否，本研究从实际出发，通过建立一整套可量化的评价指标体系对天保工程区生态效益进行评价。天保工程生态效益评价包括评估指标体系和计量方法两部分。

5.1.1 天保工程生态效益评估指标体系的构建

在对工程实施后天保工程生态效益评价研究中，结合国内外森林生态效益评价指标和《中国森林生态系统服务功能评估规范》的指标，并结合天保工程的实施目标、其他可借鉴的指标和研究地实际情况，以及各指标的内涵和测量方法的可行性，对生态效益评价指标体系进行了初选，如表5-1所示。

表5-1 内蒙古天然林保护工程生态效益评价体系初选

系统层	标准层	指标层
生态效益	改变小气候	相对湿度、平均气温、无霜期、干燥度
	涵养水源	森林覆盖率、年径流系数、林地蓄水量、林冠截留率、拦截暴雨径流率、径流模数、地被物持水量、水质改善程度、土壤中重金属含量变化率、侵蚀面积占区域面积的百分比
	水土保持	土壤侵蚀面积百分比、土壤侵蚀模数、流域输沙模数
	改良土壤	土壤容重、土壤总空隙率、土壤有机质含量
	净化大气环境	CO_2固定量、O_2释放量、提供负离子、吸收污染物、降低噪声、滞尘
	森林防护	森林护坡（塬）效果、降水径流转化率、重力侵蚀降低率
	生物多样性	物种保育、生物类型多样性、森林植物多样性、森林动物多样性
	森林的游憩价值	森林的游憩价值

5.1.1.1 评价指标体系的建立

将初选出来的评价指标，按照评价指标的筛选程序和方法，分送给高校、科研院所的有关专家，广泛征求专家意见，最后确定生态效益指标直接采用中国森林生态系统服务功能评估规范中的指标，确立了天保工程生态效益评价的指标体系（表5-2）。

表5-2 内蒙古天保工程生态效益评价指标体系

系统层	标准层	指标层
生态效益指标（B1）	涵养水源（C1）	调节水量（D1）
		净化水质（D2）
	保育土壤（C2）	保土（D3）
		固肥（D4）
	固碳释氧（C3）	CO_2固定量（D5）
		O_2释放量（D6）
	积累营养物质（C4）	林木营养积累（D7）
	净化大气环境（C5）	提供负离子（D8）
		吸收污染物（D9）
		降低噪声（D10）
		滞尘（D11）
	森林防护（C6）	森林防护（D12）
	生物多样性（C7）	物种保育（D13）
	森林的游憩价值（C8）	森林的游憩价值（D14）

5.1.1.2 研究技术路线

以天保工程为研究对象，首次以我国生态系统长期定位研究网络和资源监测数据为基础，在综述国内外有关森林综合效益的研究、国内外综合效益评价指标体系的研究、国内外林业重点工程的研究的基础上，通过运用生态经济学、恢复生态理论、生态服务及其价值理论与方法，采用现有的生态系统服务功能评价标准，系统评价天保工程的生态系统服务功能（图5-1）。

5.1.2 天保工程生态效益计量方法

5.1.2.1 国内外评价方法研究

我国早期的森林生态效益评价多属于定性评价，随着我国六大林业工程的全面实施和生态监测工程的全面展开，众多专家学者开始采用定量与定性分析相结合的方法进行分析。本研究根据天保工程研究的实际，从学科角度出发，将天保工程生态效益评价的方法分为两类：以经济学为主要的计量评价方法和以生态学为主要的计量评价方法。

以经济学为主的效益计量评价是在实物计量评价的基础上，利用成本-效益分析原理和

第5章 内蒙古天然林资源保护工程生态效益评价

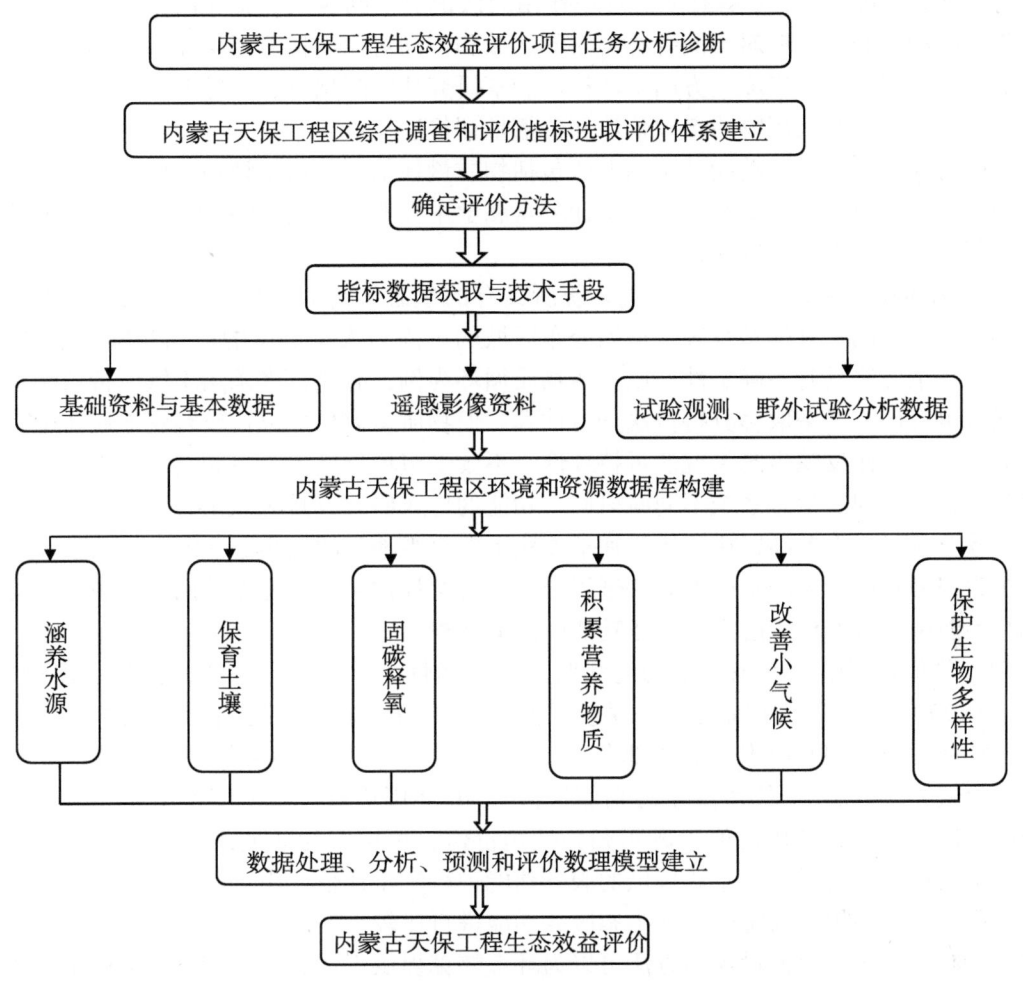

图 5-1 技术路线

费用-效益的分析原理，通过对森林产生的生态效益的货币转化而进行森林生态效益计量评价。李小屏等（2000）运用市场价值法对西宁城区退耕还林后的扬尘和 SO_2 的大气环境质量的改善与效益进行计算。康文星等（2001）、李蕾等（2004）、赖亚飞等（2006）利用市场价值法、机会成本法及影子价格法对森林生态恢复后的固土保肥、改良土壤和净化大气等生态效益进行计算。张志强等（2002）运用条件价值评估法（CVM）对黑河流域张掖地区生态价值进行了评价。庄大周等（2006）、韦惠兰等（2004）运用市场价值法、影子价格法对不同地区森林恢复重建后的生态效益进行了计算。纵观各项研究，森林生态效益的主要计量方法有市场价值法、替代市场法和模拟市场法（袁红军 等，2009）。

以生态学为主的计量评价是从研究森林的基本生态功能出发，不仅研究森林恢复后生态功能的效益，还探讨其产生的机制。根据研究机制的不同可以分为 以效益评价为主的计量评价方法和以效益计量为主的计量评价方法（袁红军 等，2009）。以效益评价为主的计量评价方法就是通过构建反映其效益的评价指标及指标体系；根据各指标体系中各个要素之间的相互关系，确定其权重；最后进行效益的评价计算。以计量为主的生态效益计量评价就是通过一定的计量模型，直观地反映林业工程所带来的物质效益。

总的来说，随着人们对森林生态环境作用的认识的不断深入，随着森林生态系统服务功能及价值的深入研究，针对不同森林类型的区域和不同对象的估算方法正在逐渐形成。其评价方法也在向着深度和广度的方向不断扩展。本研究从实际出发，在综合生态学和经济学的评价方法基础上，并采用物质量评价法和价值量评价法。

目前对生态系统服务功能计量的方法包括物质量评估和价值量评估，但国内外生态系统服务物质量和价值量的评估都难以得出让公众和学术界普遍接受的结果，这反映了该领域研究方法还不成熟，需要继续完善。

（1）物质量评估。由于不同生态系统所具有的生态系统服务的种类存在较大差距，分布在不同区域的同一种生态系统类型因分布区域的不同为人类提供的产品和服务不尽相同，使物质量评估方法具有不确定性。以营养物质循环为例，有研究者采用土壤库持留法进行估算，同时也有研究者采取林分持留法进行估算。但物质量评估能够比较客观地反映生态系统的生态过程，进而反映生态系统的可持续性，不会受市场价格不统一和波动的影响。物质量评估特别适合于同一生态系统不同时段同一功能的比较研究，是区域生态系统服务功能评估研究的重要手段。但单纯利用物质量评估方法不能直观地反映出生态系统发挥的效益，且由于各单项服务功能量纲的不同而无法进行合计，无法评估某一生态系统的综合服务功能，研究结果不能引起人们对生态系统服务功能的足够重视。

（2）价值量评估。生态系统功能和服务的多面性，导致生态系统服务具有多价值性。Pearce（1990）等的研究奠定了生态系统服务价值分类的理论基础。生态系统服务的总经济价值包括使用价值和非使用价值两部分，使用价值包括直接使用价值（直接实物价值和直接服务价值）、间接使用价值（生态功能价值）。非使用价值包括遗产价值和存在价值，还有选择价值（即潜在使用价值）既可归为使用价值，也可归为非使用价值。价值量评估指从货币价值量的角度对生态系统提供的服务功能进行定量评估。由于价值量评估结果都是货币值，既能将不同生态系统同一项生态服务功能进行比较，又能将某一生态系统的各项服务功能综合起来。运用价值量评估方法可以为环境核算提供方法和理论依据，但由于价值量反映的绝大多数是人类对生态系统服务的支付意愿，评估结果往往存在着主观性与随机性。

（3）物质量与价值量评估方法的对比分析。采用物质量和价值量两种不同的评估方法对同一生态系统进行服务功能评估，会得出不同甚至相反的结论；对于不同的评估目的和不同的评估空间尺度，这两类方法有较大的区别。物质量评估能够比较客观地反映生态系统服务功能的机制，进而反映生态系统服务功能的可持续性，而价值量评估更多地反映生态系统服务功能的总体稀缺性，它们之间是互相促进和补充的关系。

判断物质量和价值量评估这两种方法的优劣，在某种程度上取决于对生态系统服务功能评估的目的。若评估的目的是分析生态系统服务功能的可持续性，物质量评估方法比价值量评估方法更合适或更有优势。这是因为生态系统服务功能可持续性从根本上取决于生态系统的生态过程，而生态系统的生态过程则取决于生态系统服务功能物质量的动态水平，所以物质量评估能够比较客观地反映生态系统的生态过程，进而反映生态系统服务功能的可持续性。而价值量评估更多的是反映生态系统服务功能的总体稀缺性，它在反映生态系统服务功能可持续性方面的作用相对较弱。

如果对生态系统服务功能评估的目的是为某些工程项目立项的决策提供依据，价值量评估比物质量评估方法更有优势。因为工程项目立项过程在很大程度上是对各种成本和效益进行量化并加以综合比较和权衡的过程,价值量评估方法在这一方面要比物质量评估方法有明显的优势。

另外,判断物质量和价值量评估方法合适与否,在一定程度上取决于被评估生态系统的空间尺度。一般来说,价值量评估方法所得到的生态系统服务总体价值是为交换提供依据的,而物质量评估方法反映的主要是生态系统的结构与功能及生态过程。空间尺度比较小的生态系统可用于某种目的的交换,而空间尺度较大的区域生态系统或关键的生态系统对于任何目的都是不能进行交换的。所以,就空间尺度较大生态系统服务功能评估而言,物质量比价值量评估方法更有意义。当然,价值量评估方法可以从另一个侧面向人们展示生态系统服务功能的价值,以引起人们对生态系统服务功能的高度重视。

5.1.2.2 天保工程生态效益评价方法

本研究结合中国森林生态系统服务功能评估指标体系(LY/T 1721—2008)确立森林生态系统的研究对象和范围,综合运用生态学和经济学的理论与方法,选取森林生态系统涵养水源、保育土壤、固碳释氧、积累营养物质、净化大气环境、森林防护、保护生物多样性、森林游憩等8个主要功能14个指标进行森林生态系统服务功能的评估。

(1)水源涵养功能。森林涵养水源作用指森林对降水的截留、吸收和贮存,将地表水转为地下水,增加枯水期径流的作用。其主要功能表现在削减洪峰、增加可利用水资源两个方面。本研究把"作用"改为"功能",增加了"净化水质"。

调节水量指标包括年调节水量和调节水量价值两个方面。

森林涵养水源的量化,是准确评估其价值的基础之一。森林涵养水源量已有多种计算方法,目前主要有非毛管孔隙度蓄水量法、水量平衡法、地下径流增长法、多因子回归法、采伐损失法和降水贮存法等。其中,非毛管孔隙度蓄水量法和水量平衡法是最常用的两种方法。

非毛管孔隙度蓄水量法:根据森林土壤的非毛管孔隙度计算出森林土壤的蓄水能力,再结合森林区域的年降水量,可以求出森林的年涵养水源量。非毛管孔隙度蓄水量法可以反映土壤蓄水的最大潜力,但每次降水时非毛管孔隙都不可能全部蓄满,而且降水强度大时还可能出现超渗产流,一年中有几次蓄满不好确定,因此此方法计算出的土壤蓄水量与森林土壤实际调节水量之间存在较大的误差。

水量平衡法:森林调节水量的总量为降水量与森林蒸散(蒸腾和蒸发)及其他消耗的差值(周冰冰 等,2000)。水量平衡法反映了林分全年或某时间段内调节水量的总量,能够较好地反映实际情况。侯元兆(1995)对比了中国土壤蓄水能力、森林水源涵养量和森林区域径流量三种有法的研究结果,认为水量平衡法的计算结果能够比较准确地反映森林的现实年水源涵养量。

目前,国内外相关研究大多采用水量平衡法。因此,本研究采用水量平衡法计算各森林类型每年的涵养水源量。

森林生态系统年调节水量公式如下。

$$G_{调} = 10A(P-E-C)$$

式中:$G_{调}$ 为林分调节水量功能,$m^3/$年;P 为林外降水量,mm/年;E 为林分蒸散量,mm/年;A 为林分面积,hm^2;C 为地表径流量,mm/年;

由于林区快速地表径流（即超渗径流）总量相对很小，很多研究都忽略此项。但经多年观测发现，快速地表径流是森林生态系统水分输出重要支出项之一，在计算调节水量时不应忽视。

目前主要使用的调节水量价值核算方法有替代工程法（影子工程法）、地下径流增长法和采伐损失法。

替代工程法（影子工程法）：由于水利工程的造价较易得到，森林涵养水源的价值也就可以得到。

地下径流增长法：与无林地区相比，有林地区的地下径流呈增长态势。若能确定水资源的价格，则可以计算森林的涵养水源价值。该方法比较简单、实用所需要的数据量少，而且均可通过实测获取。该方法虽然包括了森林涵养水源量的主要部分，但并非其全部。同时，该方法认为有林地和无林地的土壤非毛管孔隙度相等，这并不符合实际。

采伐损失法：该方法的基本原理为若某地森林遭到破坏，那么该地的地表径流、地下径流和蒸发等因子的情况将要发生巨大变化，并产生水源损失和灾害损失。这两种损失之和，可视为森林涵养水源的价值。

本研究认为，由于森林调节水量与水库蓄水的本质相同，因此根据水库工程的蓄水成本（影子工程法）可以计算森林生态系统调节水量的价值，公式如下。

$$U_{调} = 10 C_{库} A (P-E-C)$$

式中：$C_{库}$ 为水库建设单位库容投资（占地拆迁补偿、工程造价、维护费用等）。根据1993—1999 年《中国水利年鉴》平均水库库容造价 2.17 元/t，2005 年价格指数为 2.816，即得到单位库容造价为 6.0017 元/t。

净化水质包括净化水量和净化水质价值两个方面。周冰冰等（2000）采用了净化水质成本计算了森林生态系统净化水质价值。该方法的数据容易获取而且容易被社会接受。本研究采用了净化水质成本计算法。

森林生态系统年净化水量公式如下。

$$G_{调} = 10 A (P-E-C)$$

净化水质价值计算公式如下。

$$U_{水质} = 10 KA (P-E-C)$$

K 值采用网格法得到 2007 年全国各大中城市的居民用水价格的平均值，为 2.09 元/t。

（2）保育土壤功能。森林的存在，特别是森林中活地被物和凋落物层存在，使降水被层层截留并基本上消除了水滴对表土的冲击和地表径流的侵蚀作用。张颖（2004）则认为，森林利用庞大的根系改良、固持和网络土壤的作用称之为土壤保育。

综合上述定义，本研究的保育土壤指森林中活地被物和凋落物层层截留降水，降低水滴对表土的冲击和地表径流的侵蚀作用；同时林木根系固持土壤，防止土壤崩塌泻溜，减少土壤肥力损失以及改善土壤结构的功能。

目前，国内对森林的保育土壤功能和价值评估研究较多。侯元兆（1995）认为，森林的保育价值有减少林地资源损失、防止泥沙滞留和淤积价值、保护土壤肥力和减少土体崩塌泻溜。肖寒等（2000）以潜在土壤侵蚀量与现实土壤侵蚀量的差值表示生态系统土壤保持量，并运用市场价值法、机会成本法和影子工程法计算了因土壤侵蚀而导致的营养物质流失、土地废弃和泥沙淤积灾害所造成的损失，也即土壤保持价值。肖玉等（2003）认为潜在土壤侵蚀量和现实土壤侵蚀量之差即为生态系统土壤保持量。保持土壤养分的经济价值主要指生态系统保持土壤中N、P、K营养物质的经济价值。根据生态系统保持土壤总量和土壤容重计算保持土壤的体积，再根据全国土壤平均厚度，推算出因为土壤侵蚀而造成的废弃土地面积，最后应用机会成本法计算出废弃土地的经济价值。根据我国主要流域泥沙运动规律，土壤流失的泥沙有24%淤积在水库、江河、湖泊，再采用蓄水成本来计算出生态系统减少泥沙淤积的经济价值；关文彬等（2002）运用市场价值法，机会成本法和影子工程法从减少土地废弃、减轻泥沙淤积灾害和保护土壤肥力3个方面评价了生态系统的价值；鲁绍伟等（2003）运用机会成本法、影子价格法和替代工程法评价了森林减少土地废弃、泥沙淤积和土壤养分流失的价值；周冰冰等（2000）利用潜在土壤侵蚀损失法计算了森林的保土价值。

从以上研究分析发现，许多学者（欧阳志云 等，1999；周冰冰 等，2000）在计算保育土壤功能时选用了多个指标，如减少的土地废弃面积或可耕面积、泥沙淤积、土壤肥力等，存在着重复计算的可能，为此本研究选用固土和保肥两个指标反映森林保育土壤功能。

森林的固土效益直接反映在地表的土壤侵蚀程度上，所以可以通过无林地土壤侵蚀模数和有林地土壤侵蚀模数之差估算森林的固土量，然后转化为土方工程、土地面积或其他指标，再根据相应工程或土地造价，计算森林的保持土壤价值。日本在1972年、1978年、1991年、2001年评价森林防止土壤泥沙侵蚀效能时，都采取了有林地与无林间的侵蚀对比方法，为此本研究也采用这种方法。

林分年固土量公式如下。

$$G_{固土}=A（X_2-X_1）$$

式中：$G_{固土}$为林分年固土量，t/年；X_1为林地土壤侵蚀模数，t/（hm^2·年）；X_2为无林地土壤侵蚀模数，t/（hm^2·年）；A为林分面积，hm^2。

林分年固土价值公式如下。

$$U_{固土}=AC_土（X_2-X_1）/\rho$$

式中：$U_{固土}$为林分年固土价值，元/年；$C_土$为挖取和运输单位体积土方所需费用，元/m^3；ρ为林地土壤容重，t/m^3；

根据《中华人民共和国水利部水利建筑工程预算定额》（2002）中人工挖土方Ⅰ和Ⅱ土类每100 m^3需42个工时，按每个人工30元/d计算。

土壤侵蚀带走大量的土壤营养物质，根据N、P、K等养分含量和森林减少的土壤损失量，可以估算出森林每年减少的养分损失量。因土壤侵蚀造成了N、P、K大量损失，使土壤肥力下降，通过计算年固土量中N、P、K的数量，再换算为化肥即为森林年保肥价值。许多研究（欧阳志云 等，1999）都采用了这种方法，本研究也采用这种方法。

年保肥量公式如下。

$$G_N=AN（X_2-X_1）$$
$$G_P=AP（X_2-X_1）$$
$$G_K=AK（X_2-X_1）$$

式中：X_1为林地土壤侵蚀模数，t/（hm^2·年）；X_2为无林地土壤侵蚀模数，t/（hm^2·年）；G_N为减少的氮流失量，t/年；G_P为减少的磷流失量，t/年；G_K为减少的钾流失量，t/年；N为土壤含氮量，%；P为土壤含磷量，%；K为土壤含钾量，%；A为林分面积，hm^2。

林分年保肥价值采用侵蚀土壤中的 N、P、K 物质折合成磷酸二铵和氯化钾的价值计算。公式为：

$$U_{肥}=A（X_2-X_1）（NC_1/R_1+PC_1/R_2+KC_2/R_3+MC_3）$$

式中：$U_{肥}$ 为林分年保肥价值，元/t；M 为林分年土壤有机质含量，%；R_1 为磷酸二铵化肥含氮量，%；R_2 为磷酸二铵化肥含磷量，%；R_3 为氯化钾化肥含钾量，%；C_1 为磷酸二铵化肥价格，元/t；C_2 为氯化钾化肥价格，元/t；C_3 为有机质价格，元/t。

（3）固碳释氧功能。欧阳志云等（1999）指出植物通过光合作用固定太阳能，使光能通过绿色植物进入食物链，为所有物种包括人类提供生命维持物质。周冰冰等（2000）则认为森林的固碳供氧功能，对于人类社会和整个动物界，对于全球气候平衡，都有重要意义。本研究的固碳释氧指森林生态系统通过森林植被、土壤动物和微生物固定碳素、释放氧气的功能。因此，本研究通过固碳、释氧两个指标反映森林固碳释氧功能和价值。

目前，国内外固碳释氧的评价方法有以下几种。温室效应损失法，评价森林的固碳价值；造林成本法，评价森林的固碳和释氧价值；碳税法，评价森林的固碳价值；工业制氧法，评价森林的供氧价值（周冰冰，2000）。

目前，国内外计算森林固定 CO_2 量的方法有 3 种。一是根据光合作用和呼吸作用方程式计算。日本在 1972 年、1978 年、1991 年和 2002 年核算森林固定 CO_2 的效益时，根据光合作用和呼吸作用的方程式计算出森林每生产 1 g 干物质需要 1.6 g CO_2。二是试验测定森林每年固定 CO_2 的量。三是根据数学模型计算森林年固定 CO_2 的量。本研究采用第一种方法，首先根据光合作用和呼吸作用方程式确定森林每生产 1 t 干物质固定吸收 CO_2 的量，再根据树种的年净生产力计算出森林每年固定 CO_2 的总量。

根据光合作用的化学反应式，森林植被每积累 1 g 干物质，可以固定 1.63 g CO_2，释放 1.19 g O_2。CO_2 中碳所占的比例为 27.27%。林分土壤固碳量即为土壤的固碳速率，由森林生态站直接测定获取。

目前，欧美发达国家正在实施温室气体排放税收制度，对 CO_2 的排放征税，碳税法已是国内外通用方法。为了与国际接轨，本研究采用碳税法评估森林生态系统的年固碳量。

年固碳量公式如下。

$$G_{碳}=A（1.63R_{碳}B_{年}+F_{土壤碳}）$$

式中：$G_{碳}$ 为年固碳量，t/年；$B_{年}$ 为林分净生产力，t/（hm²·年）；$F_{土壤碳}$ 为单位面积林分土壤年固碳量，t/（hm²·年）；$R_{碳}$ 为 CO_2 中碳的含量，为 27.27%；A 为林分面积，hm²。

年固碳价值公式如下。

$$U_{碳}=AC_{碳}（1.63R_{碳}B_{年}+F_{土壤碳}）$$

式中：$U_{碳}$ 为林分年固碳价值，元/年；$B_{年}$ 为林分净生产力，t/（hm²·年）；$F_{土壤碳}$ 为单位面积林分土壤年固碳量，t/（hm²·年）；$C_{碳}$ 为固碳价格，元/t，采用瑞典的碳税率 150 美元/t（折合人民币 1 200.00 元/t）；$R_{碳}$ 为 CO_2 中碳的含量，为 27.27%。

根据光合作用化学反应式，森林植被每积累 1 g 干物质，可以释放 1.19 g O_2。

年释氧量公式如下。

$$G_{氧}=1.19AB_{年}$$

森林生态系统年释氧的价值公式如下。

$$U_{氧}=1.19G_{氧}AB_{年}$$

式中：$U_{氧}$为年释氧价值，元/年；$G_{氧}$为林分年释氧量，t/年，采用中华人民共和国卫生部公布的氧气平均价格；$B_{年}$为林分净生产力，t/（hm²·年）；A为林分面积，hm²。

（4）积累营养物质功能。欧阳志云等（1999）认为，生物从土壤、大气、降水中获得必需的营养元素，构成生物体。生态系统的所有生物体内都贮存着元素，并通过元素循环，促使生物与非生物环境之间的元素变换，维持生态过程。森林生态系统在其生长过程中不断从周围环境吸收营养元素，固定在植物体中。

本研究在综合了以上两个定义的基础上认为，积累营养物质指森林植物通过生化反应，在土壤、大气、降水中吸收N、P、K等营养物质并贮存在体内各器官的功能。

森林植被在生长过程中每年从土壤或空气中要吸收大量营养物质，如N、P、K等，并贮存在植物体中。考虑到指标操作的可行性，本研究主要考虑主要营养元素N、P、K 3种元素物质的含量。在计算森林营养物质积累量时，以N、P、K在植物体中的含量为依据，再结合全国森林资源、清查数据及森林净生产力数据计算出我国森林生态系统年固定营养物质N、P、K的总量。国内很多研究均采用了这种方法。

本研究的森林生态系统积累营养物质量主要通过计算每年树木吸收的营养物质（N、P、K）来体现。森林年增加N、P、K量采用如下计算公式。

$$G_{氮} = AN_{营养}B_{年}$$
$$G_{磷} = AP_{营养}B_{年}$$
$$G_{钾} = AK_{营养}B_{年}$$

式中：$G_{氮}$为林分固氮量，t/年；$G_{磷}$为林分固磷量，t/年；$G_{钾}$为林分固钾量，t/年；$N_{营养}$为林木含氮量，%；$P_{营养}$为林木含磷量，%；$K_{营养}$为林木含钾量，%；$B_{年}$为林分净生产力，t/（hm²·年）；A为林分面积，hm²。

本研究采取把营养物质折合成磷酸二铵化肥和氯化钾化肥方法计算林木营养积累价值，公式如下。

$$U_{营养} = AB_{年}(N_{营养}C_1/R_1 + P_{营养}C_1/R_2 + K_{营养}C_2/R_3)$$

式中：$U_{营养}$为林分氮、磷、钾年增加价值，元/年；$N_{营养}$为林木含氮量，%；$P_{营养}$为林木含磷量，%；$K_{营养}$为林木含钾量，%；R_1为磷酸二铵化肥含氮量，%；R_2为磷酸二铵化肥含磷量，%；R_3为氯化钾化肥含钾量，%；C_1为磷酸二铵化肥价格，元/t；C_2为氧化钾化肥价格，元/t；$B_{年}$为林分净生产力，t/（hm²·年）；A为林分面积，hm²。

（5）净化大气环境功能。欧阳志云等（1999）、周冰冰等（2000）把此部分内容命名为"净化环境"。也有研究者则把此部分内容命名为"净化大气"。由于本研究中主要涉及吸收大气中的污染物质，而降低噪声是环境因子，所以统称为净化大气环境。

周冰冰等（2000）指出，森林等绿色植物对于大气污染物质的吸收、降解、积累和迁移，即是它对大气的净化作用。也有研究者认为，生态系统对环境的净化服务就是通过生态系统的生态过程，通过物理、化学和生物作用，生态系统的某一部分将人类向环境排放的废弃物利用或作用后，使之得到降解和净化，从而成为生态系统的一部分。

本研究在上述三个定义的基础上认为，净化大气环境指森林生态系统对大气污染物（如二氧化硫、氟化物、氮氧化物、粉尘、重金属等）的吸收、过滤、阻隔和分解，以及降低噪声、提供负离子和萜烯类（如芬多精）物质等功能。

评估森林生态系统净化大气环境的功能时，所选用指标存在一定的差异。有研究者考虑二氧化硫和滞尘两个方面；肖寒等（2000）则运用替代花费法，以削减粉尘的成本来估算森林生态系统滞尘功能的价值；关文彬等（2002）重点对吸收污染气体价值和阻滞粉尘的价值进行评估。

国内外评估森林生态系统净化大气环境功能的方法主要有以下几种。吸收能力法，根据单位面积森林吸收污染物的平均值乘以森林的面积，计算出吸收的污染物量，再根据防治污染工程中削减单位重量污染物的投资额度，计算出森林吸收某一污染物的经济价值。阈值法，以某一污染物在林木体内达到阈值时的吸收量计算吸收能力。叶干重法，树木吸收某一污染物量等于叶片积累、代谢转移和表面吸附之和。

综合国内外的相关研究，根据净化大气环境的定义，考虑到指标测度的可操作性，本研究选择提供负离子、吸收污染物、降低噪声和滞尘4个方面指标反映森林净化大气环境功能。

本研究采用以下对负离子的定义。空气负离子是大气中的中性分子或原子，在自然界电离源的作用下，其外层电子脱离原子核的束缚而成为自由电子，自由电子很快会附着在气体分子或原子上，特别容易附在氧分子和水分子上，而成为空气负离子。森林树冠、枝叶的尖端放电以及光合作用过程的光电效应均会促使空气电解，产生大量的空气负离子。植物释放的挥发性物质如植物精气（又称芬多精）等也能促进空气电离，从而增加空气负离子浓度。由于国内外目前没有文献可借鉴，森林生态系统年提供负离子量和年提供负离子价值量的计算公式为本研究首创。

本研究采用以下公式计算森林提供负离子的物质量。

$$G_{负离子} = 5.256 \times 10^{15} Q_{负离子} AHF/L$$

式中：$G_{负离子}$为林分年提供负离子个数，个/年；$Q_{负离子}$为林分负离子浓度，个/cm³；A为林分面积，hm²；H为林分平均高度，m；F为森林生态系统服务修正系数；L为负离子寿命，min。

根据负离子寿命为10 min，负离子浓度为10^6/cm³，树高平均按10 m计算，换算成每年每公顷，即得出系数5.256×10^{15}。

国内外相关研究证明，当空气中负离子达到600个/cm³以上时，才能有益人体健康。本研究中林分年提供负离子价值采用以下公式计算。

$$U_{负离子} = 5.256 \times 10^{15} \times AHK_{负离子}(Q_{负离子} - 600)/L$$

式中：$U_{负离子}$为林分年提供负离子价值，元/年；$K_{负离子}$为负离子生产费用，元/个；$Q_{负离子}$为林分负离子浓度，个/cm³；L为负离子寿命，min；H为林分高度，m；A为林分面积，hm²。

负离子价格根据台州科利达电子有限公司生产的适用范围30 m²（房间高3 m）、负离子浓度1 000 000个/cm³、使用寿命为10年、价格65元/个的KLD-2000型负离子发生器而推断获得，负离子寿命为10 min，电费为0.4元/kWh。计算得出生产负离子费用（$K_{负离子}$）为5.818 5元/10^{18}个。

二氧化硫、氟化物、氮氧化物、重金属是大气污染物中主要物质，因此本研究选取森林二氧化硫、氟化物、氮氧化物、重金属4个指标评估森林吸收污染物的作用。

森林对二氧化硫的吸收可以使用面积-吸收能力法、阈值法和叶干质量估算法计算（周冰冰 等，2000）。本研究采用面积-吸收能力法评估森林二氧化硫年物质量和价值。

二氧化硫年吸收量的公式如下。

$$G_{二氧化硫} = Q_{二氧化硫} A$$

式中：$G_{二氧化硫}$为林分年吸收二氧化硫量，t/年；$Q_{二氧化硫}$为单位面积林分吸收二氧化硫量，kg/（hm²·年）；A为林分面积，hm²。

吸收二氧化硫价值的公式如下。

$$U_{二氧化硫} = K_{二氧化硫} Q_{二氧化硫} A$$

式中：$U_{二氧化硫}$为林分年吸收二氧化硫价值，元/年；$K_{二氧化硫}$为二氧化硫的治理费用，元/kg；$Q_{二氧化硫}$为单位面积森林二氧化硫吸收量，kg/（hm²·年）；A为林分面积，hm²。

本研究采用面积-吸收能力法评估森林氟化物年吸收量和价值。

氟化物年吸收量的公式如下。

$$G_{氟化物} = Q_{氟化物} A$$

式中：$G_{氟化物}$为林分年吸收氟化物量，t/年；$Q_{氟化物}$为单位面积林分吸收氟化物量，kg/（hm²·年）；A为林分面积，hm²。

林分年吸收氟化物价值的公式如下。

$$U_{氟化物} = K_{氟化物} Q_{氟化物} A$$

式中：$U_{氟化物}$为森林年吸收氟化物价值，元/年；$Q_{氟化物}$为单位面积森林对氟化物的年吸收量，kg/（hm²·年）；$K_{氟化物}$为氟化物治理费用，元/kg；A为林分面积，hm²。

本研究采用面积-吸收能力法评估氮氧化物森林年吸收量和价值量。

氮氧化物年吸收量的公式如下。

$$G_{氮氧化物} = Q_{氮氧化物} A$$

式中：$G_{氮氧化物}$为林分年吸收氮氧化物量，t/年；$Q_{氮氧化物}$为单位面积林分年吸收氮氧化物量，kg/（hm²·年）；A为林分面积，hm²。

林分年吸收氮氧化物价值的公式如下。

$$U_{氮氧化物} = K_{氮氧化物} Q_{氮氧化物} A$$

式中：$U_{氮氧化物}$为森林年吸收氮氧化物价值，元/年；$K_{氮氧化物}$为氮氧化物治理费用，元/kg；$Q_{氮氧化物}$为单位面积森林对氮氧化物年吸收量，kg/（hm²·年）；A为林分面积，hm²。

重金属污染是重要的大气污染物之一，主要包括铅、汞、铬等，重金属污染气体对人体有明显的毒害作用，森林有吸收重金属气体功能，因而有明显的净化大气环境作用。如在正常情况下，树木含铅量为10~100 mg/L，但在污染地区的树木，含铅量可高达1 000 mg/L。基于目前研究现状，本研究只计算森林吸收铅及其化合物、镉及其化合物、镍及其化合物、锡及其化合物实物量和价值。本研究采用面积-吸收能力法评估重金属森林年吸收量和价值量。

重金属年吸收量的公式如下。

$$G_{重金属} = Q_{重金属} A$$

式中：$G_{重金属}$为林分年吸收重金属量，t/年；$Q_{重金属}$为单位面积林分年吸收重金属量，kg/（hm²·年）；A为林分面积，hm²。

林分年吸收重金属价值的公式如下。

$$U_{重金属} = K_{重金属} Q_{重金属} A$$

式中：$U_{重金属}$为林分年吸收重金属价值，元/年；$K_{重金属}$为重金属污染治理费用，元/kg；$Q_{重金属}$为单位面积森林年吸收重金属量，kg/（hm²·年）；A为林分面积，hm²。

采用国家发展和改革委员会等四部委 2003 年第 31 号令《排污费征收标准及计算方法》中北京市高硫煤二氧化硫排污费收费标准 1.20 元/kg，氟化物排污费收费标准 0.69 元/kg，氮氧化物排污费收费标准 0.63 元/kg；铅及其化合物排污费收费标准 30.00 元/kg；镉及化合物排污费收费标准 20.00 元/kg；镍及化合物排污费收费标准 4.62 元/kg，锡及化合物排污费收费标准 2.22 元/kg。

降低噪声是森林生态系统的主要服务功能之一。声波传至树冠后，能被浓密的枝叶不定向反射或吸收。其原理有三：一是反射。噪声是一种声波，通过森林时，受到枝叶等的阻挡，使噪声向各个方向不规则反射；二是吸收。树木叶子有许多气孔和绒毛，对噪声具有一定的吸收作用，从而降低了噪声强度；三是干扰。噪声波在传播过程中，可引起树木微震，消耗了声能，导致噪声减弱甚至消失。研究显示，40 m 宽的林带降低噪声效果相当于隔音墙效果，因此林分降低噪声量和价值采用以下公式计算。

林分降低噪声量采用直接测定，单位为 dB。林分年降低噪声价值的公式如下。

$$U_{噪声} = K_{噪声} A_{噪声}$$

式中：$U_{噪声}$为林分年降低噪声价值，元/年；$K_{噪声}$为降低噪声费用，元/kg；降低噪声费用按 100 元/m²的隔音墙（4 m 高）计算为 400 000 元/km。$A_{噪声}$为森林面积折合为隔音墙的千米数，km。

本研究采用面积-吸收能力法评估森林年阻滞降尘量和价值，计算公式与其他研究（周冰冰 等，2000；关文彬 等，2002）一致。年阻滞降尘量计算公式如下。

$$G_{滞尘} = Q_{滞尘} A$$

式中：$G_{滞尘}$为林分年滞尘量，t/年；$Q_{滞尘}$为单位面积林分年滞尘量，kg（/hm²·年）；A为林分面积，hm²。

森林植被年阻滞降尘价值的公式如下。

$$U_{滞尘} = K_{滞尘} Q_{滞尘} A$$

式中：$U_{滞尘}$为森林年滞尘价值，元/年；$K_{滞尘}$为降尘清理费用，元/kg；$Q_{滞尘}$为单位面积林分年滞尘量，kg/（hm²·年）；A为林分面积，hm²。

采用国家发展和改革委员会等四部委 2003 年第 31 号令《排污费征收标准及计算方法》中北京市一般性粉尘排污费收费标准 0.15 元/kg。

(6) 森林防护功能。张颖（2004）认为，农田防护林保护农田免受风沙、干旱、盐碱、霜冻等自然灾害引起的增产效益；水土保持林控制水土流失、涵养水源、改良土壤、减少各种危害的效益；防风固沙林改善沙地生态环境，控制流沙移动，保护农田、牧场、村庄和道路免遭沙压，并使粮食、牧草增产的效益；牧场防护林保护牧场免受风沙、干旱等自然灾害，促进牧草粮料生长的效益。

在上述定义的基础上，本研究认为森林防护是指防风固沙林、农田牧场防护林、护岸林、护路林等防护林降低风沙、干旱、洪水、台风、盐碱、霜冻、沙压等自然灾害危害的功能。

农田防护林防护的实物量可折算为农作物产量；防风固沙林可折算为牧草产量；海岸防

护林可折算为其他实物量。本研究计算方法与其他研究（周冰冰 等，2000；张颖，2004）一致，其计算公式如下。

$$U_{防护} = AQ_{防护}C_{防护}$$

式中：$U_{防护}$为森林防护价值，元/年；$Q_{防护}$为由于农田防护林、防风固沙林、牧场防护林等森林存在，增加的单位面积农作物、牧草等年产量，kg/（hm²·年）；$C_{防护}$为农作物、牧草等价格，元/kg；A为林分面积，hm²。

（7）保护生物多样性功能。生物多样性包括景观多样性、生态系统多样性、物种多样性和遗传（基因）多样性四个不同的层次。在所有层次的生物多样性中，物种多样性最为基本。森林物种多样性保育功能指森林生态系统为生物物种提供生存与繁衍的场所，从而对其起到保育作用的功能。我国森林物种多样性极其丰富，对生物多样性保育功能进行评估具有重要的现实意义。

目前，对森林生物多样性非使用价值的评估尚缺乏逻辑推理的客观方法，保护生物多样性价值评估多用支付意愿法。如薛达元（1997）等在评估全国森林生态系统维持生物多样性价值中均采用了支付意愿法。但此方法由于受被访问者居住地、对访问区域的了解程度、经济状况、受教育水平等条件的限制，评估结果偏差很大，结果之间不可比，参考价值比较差。考虑到我国经济不发达、调查结果往往将远小于其应有价值，且不同时间调查结果存在着较大差异的现状。因此，此方法并不符合我国目前国情，在本研究中未采用支付意愿法。

本研究采用物种保育指标反映森林保护生物多样性功能。由于生物多样性的内容十分复杂，所以本研究只计算其保育价值。其总价值计算公式如下。

$$U_{生物} = S_{生物}A$$

式中：$U_{生物}$为林分年物种保育价值，元/年；$S_{生物}$为单位面积年物种损失的机会成本，元/（hm²·年）；A为林分面积，hm²。

由于我国经纬度的跨度大，东西南北的气温差异明显，形成了不同的森林植被类型，从西到东及从北到南的生物多样性越来越丰富。张颖（2004）在总结国外研究经验的基础上，将机会成本法与支付意愿法相结合，对全国不同区域的森林生物多样性进行了核算，核算结果为热带区>亚热带区>温带区>高寒带区，且在西北地区的多样性价值偏低，这与我国森林生物多样性指数空间变化趋势基本一致，即森林生物多样性越高，价值量越大，且与国外的一些研究结果比较相近。因此，本研究采用生物多样性指数计算森林生态系统的保护生物多样性价值。

目前生态学中反映生物多样性的指数很多，其中Shannon-Wiener指数是衡量生态系统物种多样性的一个经典且常用的指标，它既能够反映森林中物种的丰富度和物种分布的均匀度，能够全面表达生物多样性状况，是其他指标做不到的。因此，本研究采用Shannon-Wiener指数方法评估森林生态系统的物种保育价值。

从国内外研究结果上看，物种资源最丰富的巴西亚马孙热带雨林，其Shannon-Wiener指数为6.21，海南尖峰岭热带原始林为5.78~6.28，霸王岭沟谷雨林为5.82。物种资源最丰富的热带雨林生物多样性价值为5.9万元/hm²左右（张颖，2004）。薛达元（1997）采用支付意愿方法计算出长白山自然保护区生物多样性的存在价值、遗传价值和选择价值总和为49.65亿元，每公顷生物多样性的平均价值为23 642.86元。基于上述研究结果，本研究把全国的Shannon-Wiener指数划分为7个等级，每个级别给予了一定赋值（表5-3）。

表 5-3　生物多样性保育价值

Shannon-Wiener 指数	价值
<1	3 000 元/（hm²·年）
1≤指数<2	5 000 元/（hm²·年）
2≤指数<3	10 000 元/（hm²·年）
3≤指数<4	20 000 元/（hm²·年）
4≤指数<5	30 000 元/（hm²·年）
5≤指数<6	40 000 元/（hm²·年）
≥6	50 000 元/（hm²·年）

基于 Shannon-Wiener 指数对我国森林生态系统物种多样性保育价值进行的评估是首次将全国的森林生态系统放在客观统一的标尺下对比分析，避免了评估结果受人为主观因素影响大的状况。但是，当时没有考虑到濒危物种和特有种的保育价值。濒危物种同样是生物多样性的重要组成部分，在物种保育价值评估时引入濒危指数，可以加强人们对濒危物种的保护（成克武 等，2000）。有些物种在某个地区广泛分布，不属于濒危物种，但在这个地区之外却没有分布，由于全球各个陆地的条件的异质性以及植物的遗传变异性和种间杂交，促成了生态系统的特有种现象和生物多样性。所以，地方特有种成了某个地方植被类型的一个独特标志（Boris et al.，2009）。

通过把 Shannon-Wiener 指数、濒危指数和特有种指数引入到森林生物多样性物种保育价值评估方法中，既涉及了森林生态系统的物种丰富度的保育价值，又涵盖了濒危物种和特有种保育价值，以达到对森林生物多样性物种保育价值准确评估的目的，为精准评估森林生物多样性物种保育价值评估提供科学计算手段。森林生物多样性物种保育价值评估公式如下：

$$U_{总} = \left(1 + \sum_{m=1}^{x} E_m \times 0.1 + \sum_{n=1}^{y} B_n \times 0.1\right) S_{生} A$$

式中：$U_{总}$ 为林分年物种保育价值；E_m 评估林分（或区域）内物种 m 的濒危指数分值（表 5-4）；B_n 为评估林分（或区域）内物种 n 的特有种指数分值（表 5-5）；x 为计算濒危指数物种数量；y 为计算特有种指数物种数量；$S_{生}$ 为单位面积物种多样性保育价值量，元/（hm²·年）；A 为林分面积，hm²。

表 5-4　物种濒危指数体系

濒危指数	濒危等级
4	极危
3	濒危
2	易危
1	近危

表 5-5 特有种指数体系

特有种指数	濒危等级
4	仅限于范围不大的山峰或特殊的自然地理环境下分布
3	仅限于某些较大的自然地理环境下分布的群类，如分布于较大的海岛（岛屿）、高原、若干个山脉等
2	仅限于某个大陆分布的分类群
1	至少在两个大陆都有分布的要类群
0	世界广布的分类群

（8）森林游憩功能。Douglass（1982）认为，森林游憩是发生在森林区域内的所有户外游憩形式的总和，不管森林是否为这些活动提供了主要效用。陈应发（1996）指出，森林游憩也称森林旅游、森林游乐，指在林地上进行的任何目的的野外游憩，它包括野营、野餐、游览、观光、漫步、骑马、狩猎、钓鱼、游泳、划船、滑雪、滑冰、探险、疗养、考察和教育等。也有研究者认为，游憩是个人在休闲时间或自由时间内，所从事的让身心愉悦、精神满足之行为。本研究在上述定义的基础上认为，森林游憩指森林生态系统为人类提供休闲娱乐的场所，使人消除疲劳、身心愉悦、有益健康的功能。

国外对森林游憩的评价已有 40 多年的历史，其中代表性的评价方法可分为 6 类，根据国内外研究现状及我国的经济不发达的状况，本研究采用游憩费用法计算森林游憩价值，建议计算时直接采用评估阶段林业系统管辖的自然保护区、森林公园全年的旅游直接收入数据，从旅游市场的实际需求评价（表 5-6）。对于物质生产范围来说，使用劳动消耗评价是成立的，但对于不能通过实物交换的非物质生产范围内的游憩效能则不可行。

表 5-6 森林游憩的评价方法

评价方法	内涵
政策性评估	森林主管单位根据经验对所辖区域内的森林做出最佳的判断，而赋予的价值，其典型的方法为阿特奎逊法和普罗丹法
生产性评估	从生产者的角度来说，森林游憩的价值至少为开发、经营和管理游憩区所耗费的成本，其典型方法有直接成本法和平均成本法
消费性评估	从消费者的角度看，森林游憩的价值至少应该等于游客游憩时的花费，其典型方法有游憩费用法
替代性评估	以"其他经营活动"的收益作为森林游憩的价值，其典型方法有机会成本法和市场价值法
间接性评估	根据游客支出的费用资料求出游憩商品的消费者剩余，并以消费者剩余作为森林游憩的价值，其典型方法有旅行费用法（TCM）
直接性方法	直接询问游客或公众对"游憩商品"自愿支付（WTP）的价格，其典型方法有条件价值法（CVM）

（9）森林生态系统服务功能总价值。森林生态系统服务功能总价值为 14 项指标价值之和，公式如下。

$$U = \sum_{i=1}^{14} U_i$$

式中：U 为森林生态系统服务功能总价值，元/年；U_i 为服务功能各分项价值，元/年。

5.2 内蒙古天然林资源保护工程生态效益评价结果

5.2.1 发挥效益的森林面积

1998 年开始，以治理水土流失、改善生态环境为目标，实施了天然林保护工程。天保工程主要以封山育林、飞播造林、人工造林为主。而且造林多在采伐迹地、疏林地、未成林造林地、无林地（有草植被）上造林，在实施管护后，当年即可发挥生态效益。森林每年都在发挥生态效益，为了便于与第 6 章研究数据比较，只对 2000 年、2010 年和 2018 年的数据增量进行分析，虽然有所欠缺，但对天保工程综合效益评价来讲，还是切实可行的。2000 年效益计算面积为 143 696 hm²，2010 年效益计算面积为 15 400 717 hm²，其增量为 15 257 021 hm²；2010 年效益计算面积为 15 400 717 hm²，2018 年效益计算面积为 20 618 059 hm²，其增量为 5 217 342 hm²。因而，在天保工程中，发挥水土保持等生态效益的价值核算面积为 2 732 142 hm²。

5.2.2 森林资源状况

天保工程实施以来的三次森林清查结果显示，第七次全国森林资源清查（2004—2008 年）统计，内蒙古自治区森林覆盖率 20.00%，林地总面积 4 394.93 万 hm²。森林面积 2 366.40 hm²；有林地面积 1 701.04 万 hm²、经济林面积 19.78 万 hm²；疏林地 67.88 万 hm²，灌木林地 702.94 万 hm²，未成林地 170.03 万 hm²，苗圃地为 1.98 万 hm²；无林地面积 166.09 万 hm²；其中宜林荒山 1 582.36 万 hm²。

5.2.3 森林生态系统服务功能评估结果

（1）2000 年与 2010 年物质量相比。2000 年和 2010 年内蒙古自治区森林生态系统服务功能物质量见表 5-7。2010 年与 2000 年相比，森林面积增加了 106.18%，2010 年涵养水源量、净化水质、固土量、减少土壤中 N 损失量、减少土壤中 P 损失量、减少土壤中 K 损失量、减少土壤中有机质损失量、固碳量、释放氧气量、林木积累 N 量、林木积累 P 量、林木积累 K 量、提供负离子数量、吸收二氧化硫量、吸收氟化物量、吸收氮氧化物量、滞尘量、降噪量、森林防护、生物多样性和森林景观游憩分别增加了 40.86 亿 m³/年、40.86 亿 m³/年、9 923.65 万 t/年、14.54 万 t/年、7.10 万 t/年、197.08 万 t/年、306.26 万 t/年、534.70 万 t/年、1 366.54 万 t/年、23.79 万 t/年、4.25 万 t/年、14.82 万 t/年、2.64×10²⁵ 个/年、69 659.63 万 kg/年、3 461.81 万 kg/年、2 116.38 万 kg/年、1 073.44 亿 kg/年、1 363.98 hm²、1 363.98 hm²、1 363.98 hm²、1.91 亿元。2000—2010 年期森林面积增加了 106.18%，因此影响森林生态系统服务功能实物量增长的主要因素是总面积变化和森林面积变化。

（2）2010 年与 2018 年物质量相比。2010 年和 2018 年内蒙古自治区森林生态系统服务功能物质量见表5-7。2018年与2010年相比，森林面积增加了33.88%，2018年涵养水源量、净化水质、固土量、减少土壤中N损失量、减少土壤中P损失量、减少土壤中K损失量、减少土壤中有机质损失量、固碳量、释放氧气量、林木积累N量、林木积累P量、林木积累K量、提供负离子数量、吸收二氧化硫量、吸收氟化物量、吸收氮氧化物量、滞尘量、降噪量、森林防护、生物多样性和森林景观游憩分别增加了14.5亿 m³/年、14.5亿 m³/年、3 519.45万 t/年、5.17万 t/年、2.53万 t/年、69.86万 t/年、108.96万 t/年、189.01万 t/年、485.34万 t/年、8.43万 t/年、1.51万 t/年、5.26万 t/年、0.94×10²⁵个/年、24 719.01万 kg/年、1 232.18万 kg/年、750.36万 kg/年、382.35亿 kg/年、468.64 hm²、468.64 hm²、468.64 hm²、0.79 hm²，因此影响森林生态系统服务功能实物量增长的主要因素是总面积变化和森林面积变化。

（3）2000年与2018年物质量相比。2000年和2018年内蒙古自治区森林生态系统服务功能物质量见表5-7。2018年与2000年相比，森林面积增加了142.48%，2010年涵养水源量、净化水质、固土量、减少土壤中N损失量、减少土壤中P损失量、减少土壤中K损失量、减少土壤中有机质损失量、固碳量、释放氧气量、林木积累N量、林木积累P量、林木积累K量、提供负离子数量、吸收二氧化硫量、吸收氟化物量、吸收氮氧化物量、滞尘量、降噪量、森林防护、生物多样性和森林景观游憩分别增加了55.36亿 m³/年、55.36亿 m³/年、13 443.1万 t/年、19.71万 t/年、9.63万 t/年、266.94万 t/年、415.22万 t/年、723.71万 t/年、1 851.88万 t/年、32.22万 t/年、5.76万 t/年、20.08万 t/年、3.58万 kg/年、94 378.64万 kg/年、4 693.99万 kg/年、2 866.74万 kg/年、1 455.79亿 kg/年、1 832.6204 hm²、1 832.6204 hm²、1 832.6204 hm²、2.69亿元，因此影响森林生态系统服务功能实物量增长的主要因素是总面积变化和森林面积变化。

表5-7 2000年、2010年和2018年内蒙古自治区天保工程生态效益物质量

功能类别	评价指标	2000年	2010年	2018年	2010年比2000年增量	2018年比2010年增量	2018年比2000年增量	2010年比2000年增长率	2018年比2000年增长率
涵养水源/(亿 m³/年)	调节水量	1.79	34.35	57.15	40.86	14.5	55.36	22.78	30.93
	净化水质	1.79	34.35	57.15	40.86	14.5	55.36	22.78	30.93
保育土壤/(万 t/年)	固土	427.67	8 206.99	13 870.77	9 923.65	3 519.45	13 443.1	23.20	31.43
	N	0.67	12.86	20.38	14.54	5.17	19.71	21.77	29.42
	P	0.33	6.33	9.96	7.10	2.53	9.63	21.85	29.18
	K	8.39	161.00	275.33	197.08	69.86	266.94	23.48	31.82
	有机质	14.21	272.69	429.43	306.26	108.96	415.22	21.56	29.22
固碳释氧/(万 t/年)	固碳	21.22	407.21	744.93	534.70	189.01	723.71	25.19	34.11
	释氧	60.94	1 169.44	1 912.82	1 366.54	485.34	1 851.88	22.42	30.39
积累营养物质/(万 t/年)	N	1.01	19.38	33.23	23.79	8.43	32.22	23.62	31.90
	P	0.19	3.65	5.95	4.25	1.51	5.76	22.48	30.32
	K	0.66	12.67	20.74	14.82	5.26	20.08	22.61	30.42

续表

功能类别	评价指标	2000年	2010年	2018年	2010年比2000年增量	2018年比2010年增量	2018年比2000年增量	2010年比2000年增长率	2018年比2000年增长率
净化大气环境	提供负离子/(10^{25}个/年)	0.12	2.30	3.7	2.64	0.94	3.58	21.76	29.83
	吸收二氧化硫/(万kg/年)	3 043.35	58 401.89	97 421.99	69 659.63	24 719.01	94 378.64	22.89	31.01
	吸收氟化物/(万kg/年)	162.26	3 113.77	4 856.25	3 461.81	1 232.18	4 693.99	21.33	28.93
	吸收氮氧化物/(万kg/年)	90.57	1 738.04	2 957.31	2 116.38	750.36	2 866.74	23.37	31.65
	滞尘/(亿kg/年)	51.13	981.18	1 506.92	1 073.44	382.35	1 455.79	20.99	28.47
	降低噪声/hm^2	14.369 6	275.75	1 846.99	1 363.98	468.643 3	1 832.620 4	94.92	127.53
森林防护/hm^2	森林防护	14.369 6	275.75	1 846.99	1 363.98	468.643 3	1 832.620 4	94.92	127.53
生物多样性/hm^2	物种保育	14.369 6	275.75	1 846.99	1 363.98	468.643 3	1 832.620 4	94.92	127.53
森林的景观游憩/亿元	直接价值	0.4	7.68	3.09	1.91	0.784 7	2.69	4.76	6.73

内蒙古实施天保工程以来，森林资源得到恢复，森林覆盖率提高较快，森林覆盖率由天保工程前的12.73%提高到20%以上，增长了7.27个百分点。实施天保工程以来，内蒙古的天保工程区造林面积发生了极大变化。2000年天保工程区面积为143 696 hm^2，2010年天保工程区面积为15 400 717 hm^2，其增量为15 257 021 hm^2；2018年天保工程区面积为20 618 059 hm^2，其增量为5 217 342 hm^2，森林面积增加了142.48%。正因如此，内蒙古地区的天保工程发挥了极大的生态功能，也产生了极大的生态价值。

第6章 内蒙古天然林资源保护工程经济和社会效益评价

6.1 天然林资源保护工程经济和社会效益评价指标体系

实施天保工程不仅产生了生态效益,而且产生了经济和社会效益。为了客观地反映天保工程的建设成就,本研究将经济效益指标分为三类,即涉林第一产业产值(育种育苗造林、木材、经济林)、涉林第二产业产值(木材加工与制造、非木质林产品加工制造)和涉林第三产业产值(旅游休闲、生态服务、林下经济);社会效益分为两部分,即可量化的社会效益(适龄儿童入学率、低保医保覆盖率)和潜在的社会效益(提高农民环保意识、合理转移农村劳动力、产业结构变化、加快新农村建设),这样更有针对性,也更能从侧面反映天保工程的建设成就(表6-1)。

表6-1 内蒙古天保工程经济和社会效益评价指标体系

系统层	标准层	指标层
经济效益指标	涉林第一产业产值	育种育苗造林
		木材
		经济林
	涉林第二产业产值	木材加工与制造
		非木质林产品加工制造
	涉林第三产业产值	旅游休闲
		生态服务
		林下经济
社会效益指标	可量化的社会效益	适龄儿童入学率
		低保医保覆盖率
	潜在的社会效益	提高农民环保意识
		合理转移农村劳动力
		产业结构变化
		加快新农村建设

6.2 内蒙古天然林资源保护工程经济效益评价结果

实施天然林保护工程不仅产生了直接的经济效益,还产生了间接的经济效益。主要体现在涉林第一产业产值、涉林第二产业产值、涉林第三产业产值均有大幅度的增加。不仅产生了林木价值、牧草价值、果产品价值等直接经济效益，而且改变了当地的产业结构，由此带来了对县域经济的影响，对粮食产量和安全的影响，对农民收入的影响等间接经济效益，见表6-2。

天然林资源保护作为一项公共投资能促进经济稳定和发展。凯恩斯学派认为，增加公共投资具有提高对产出的总需求，以及提高生产力及扩充生产能力的效果。天然林资源保护这项规模宏大的公共投资计划，不仅可以解决国民经济发展过程中的环境问题，而且可以通过增加政府支出，刺激有效需求，并产生乘数效应，带动相关产业发展，从而拉动区域国民经济增长。天然林资源保护通过政府投入，改善农业生产条件，使种植业和林业生产效率大大提高。通过发展特色经济，形成天然林资源保护地区支柱产业，从而提高天然林资源保护区经济效益，促进当地经济发展。最突出的方面就是国内生产总值、农业产值、林业产值、牧业产值等方面的变化。

实施天保工程，大面积耕地还林还草，由于土地利用结构发生了改变，种植业、林草业、畜牧业产值也相应发生了改变。虽然在短期内由于耕地面积的减少直接影响粮食生产，但并没有影响到农村经济发展的总体水平。

内蒙古实施天保工程后，2000—2018年，累计投资3 058 514万元，经济效益又好又快发展，充分体现在涉林产业的发展方面。农业生产总值在总体上仍然呈现逐年上升趋势，涉林第一产业产值21 267 291万元、涉林第二产业产值13 544 263万元、涉林第三产业产值71 197 228万元。

6.2.1 涉林第一产业产值

内蒙古自治区实施天保工程以来，涉林第一产业产值实现21 267 291万元。其中，2007年涉林第一产业产值实现1 042 754万元，2018年涉林第一产业产值累计实现2 000 547万元，2018年比2007年增加957 793万元，增加了47.88%。

内蒙古自治区在育种育苗造林方面，实现产值7 312 575万元，2007年实现产值累计421 348万元，2018年实现产值356 732万元，2018年比2007年减少64 616万元，减少了18.11%；说明经过两期天保工程的建设，育种育苗造林不断减少，已经基本上完成了任务。

内蒙古自治区在木材产值方面，实现产值2 593 250万元，2007年实现产值累计270 590万元，2018年实现产值632 531万元，2018年比2007年增加361 941万元，增加了57.22%；说明通过实施天保工程，林业建设走上了良性循环的道路。

内蒙古自治区在经济林的产值方面，实现产值4 231 924万元。2007年实现产值累计169 954万元，2018年实现产值503 727万元，2018年比2007年增加333 773万元，增长了66.26%。

由此可见，一方面内蒙古自治区天保工程大大地减少了木材的砍伐量，也减少了木材砍伐带来的效益，另一方面，在育种育苗造林和经济林方面，创造了较大的经济效益，实现了天保工程预定的目标。

6.2.2 涉林第二产业产值

内蒙古自治区实施天保工程以来，涉林第二产业产值实现13 544 263万元。其中，2007年涉林第二产业创造产值617 820万元，2018年创造产值1 669 769万元，2018年比2007年

第6章 内蒙古天然林资源保护工程经济和社会效益评价

表6-2 内蒙古天保工程经济评价

单位：万元

年份	全部林业投资完成额	涉林第一产业产值				涉林第二产业产值				涉林第三产业产值			
		育种育苗造林	木材	经济林	合计	木材加工与制造	非木质林产品加工制造	合计	旅游休闲	生态服务	林下经济	合计
2000年	20 715	82 374	62 259	4 175	148 808	73 525	134 222	252 672	478			40 625
2001年	26 818	749 161	82 823	69 092	164 365	117 256	11 9664	255 586	748			39 128
2002年	124 453	167 568	62 557	8 196	238 321	68 783	125 730	261 603	1 167			54 127
2003年	198 250	209 843	115 021	45 280	370 144	105 438	2 676	185 507	350			92 366
2004年	195 086	234 202	150 933	24 596	409 731	159 305	4 632	235 285	1 333			120 806
2005年	105 712	291 438	158 977	26 451	476 865	228 734	62 859	308 776	12 475			142 103
2006年	119 999	370 347	194 640	152 884	872 349	292 412	7 529	389 861	59 838			230 631
2007年	221 470	421 348	270 590	169 954	1 042 754	347 767	7 759	617 820	78 348			271 855
2008年	234 876	460 173	247 901	173 245	1 096 377	334 335	8 262	664 941	74 647	1 652		321 330
2009年	236 162	510 423	207 596	185 774	1 030 362	325 526	20 661	542 705	95 295	3 606		222 688
2010年	214 168	566 419	225 136	203 383	1 145 325	342 492	7 211	556 491	123 924	3 976		320 281
2011年	199 111	612 027	181 799	247 422	1 190 042	470 557	4 509	635 051	113 829	3 731	10 072	353 341
2012年	207 693	712 894	161 112	289 382	1 379 044	520 118	17 204	666 865	131 549	3 703	238 616	403 046
2013年	158 656	188 463	131 687	321 052	1 545 569	565 146	9 861	761 655	142 372	3 525	285 898	494 232
2014年	146 215	300 696	132 034	399 865	1 941 184	897 150	13 459	1 155 493	218 187	10 774	408 021	739 644
2015年	201 839	336 931	103 373	445 247	1 973 569	897 903	53 524	1 193 769	313 431	39 205	418 133	526 168
2016年	139 376	361 693	37 036	502 499	2 080 674	125 5910	85 180	1 522 694	521 136	39 765	498 465	763 600
2017年	161 458	379 843	35 245	459 700	2 161 261	1 464 542	77 529	1 667 720	608 864	108 086	505 187	912 119
2018年	146 457	356 732	32 531	503 727	2 000 547	1 438 611	68 363	1 669 769	762 326	88 130	477 165	1 071 632

增加1 051 949万元,增长63.00%;

内蒙古自治区在木材加工与制造创造的产值方面,内蒙古自治区实现产值9 905 510万元。2007年实现产值累计347 767万元,2018年实现产值1 438 611万元,2018年比2007年增加了1 090 844万元,增加了75.83%。

内蒙古自治区在非木质林产品加工制造的产值方面,实现产值830 834万元。2007年实现产值内蒙古自治区累计7 759万元,2018年实现产值68 363万元,2018年比2007年增加60 604万元,增长88.65%。

由此可见,内蒙古自治区实施天保工程以来,涉林第二产业产值效益显著,各项指标发展迅猛,呈现出良好的发展势头。

6.2.3 涉林第三产业产值

内蒙古自治区实施天保工程以来,涉林第三产业产值实现7 119 722万元。其中,2007年涉林第三产业创造产值271 855万元,2018年创造产值1 071 632万元,2018年比2007年增加799 777万元,增长了74.63%。

内蒙古自治区在旅游休闲创造的产值方面,实现产值3 260 297万元,2007年实现产值78 348万元,2018年实现产值762 326万元,2018年比2007年增加683 978万元,增长89.72%。

内蒙古自治区在生态服务创造的产值方面,实现产值306 153万元,2007年实现产值累计0万元,2018年实现产值88 130万元,2018年比2007年增加88 130万元,增长100%。

内蒙古自治区在林下经济创造的产值方面,实现产值2 841 557万元。2007年实现产值累计0万元,2018年实现产值477 165万元,2018年比2007年增加477 165万元,增长100%。

从内蒙古自治区涉林第三产业产值可以看出,第三产业从无到有,发展迅速。从另一方面也可以说明天然林保护工程实现了农村产业结构的根本性转变,取得了预期的目标。

6.3 内蒙古天然林资源保护工程社会效益评价结果

天保工程的实施对区域土地利用格局、生态系统和农村产业结构产生了巨大影响。可量化的社会效益(适龄儿童入学率、低保医保覆盖率)、潜在的社会效益(提高农民环保意识、合理转移农村劳动力、农村产业结构变化、加快新农村建设),这些指标进行分析。

6.3.1 可量化的社会效益

适龄儿童入学率是反映天保工程实施后农村的受教育程度的一项指标;低保医保覆盖率是反映天保工程实施后农民的最低生活保障和农民看病的医保制度。

天保工程实施后,为了解决贫困农民生活问题,特别对分布在沟深、偏远闭塞地区分散的贫困农户进行了移民搬迁。各扶贫开发点人口居住集中,交通便利,信息畅通,有力地改善了贫困户农民的生产生活条件。

目前,教育"两免一补"政策,适龄儿童均可无负担入学。同时,推行了农村新型合作医疗制度,其参保合格率达100%,农户看病住院虽然各大医院报销比例不同,基本上实现了农村看病难看病贵的问题,还实施了孕产妇免费住院分娩政策。

6.3.2 潜在的社会效益

(1) 提高农民环保意识。天保工程的实施过程,也是一个保护环境的宣传过程,通过广泛宣传,使广大农民对工程建设重要性的认识进一步提高,生态意识普遍增强。通过调查,内蒙古自治区天然林资源保护区在天保工程的实施过程中,从宣传、培训、组织、实施到管护、收益等各方面的工作,使广大农民受到了一次规模空前的生态治理教育,加之有大多数农民,从天然林保护工程政策补偿机制等各个方面得到实惠,促使广大人民对生态环境治理的认识相应提高。生态意识和生态文化已深入人心,农民对保护环境的认知程度得到空前的提升,天然林资源保护已成为农民最为关心的热点问题。目前,农民对于天然林资源保护的认知率达98%,90%以上的农民支持天保工程,96%以上的农民认为生态环境破坏非常严重,必须加以治理。此外,退耕农民在农业经营思想和耕作方式上也发生较大变化。从过去的广种薄收向精耕细作转变,更多的劳动力流向劳动效率更高的产业和地区,在增加经济收入的同时,也给这些人员提供了更多的接受新事物和新观念的机会,开阔了视野,这对于该地区农民综合素质的提高具有极其重要的意义。

(2) 合理转移农村劳动力。退耕后由于耕地大面积减少,大部分农民将从世代耕耘的土地中解放出来,一方面,劳动力的较少投入使农民有了更多的可支配时间,使他们的精神文化生活得以改善,提高了生活水平和生活质量;另一方面,为农民调整、改变自己的生产结构提供了必要的劳动力条件。

通过农户调查,天保工程前后农户劳动力投向发生很大变化,退耕后劳动力转移到种植业以外的其他行业。特别是外出打工,经商人数增加幅度较大,其次是养畜业人数。由于在天保工程政策的强劲外力推动下,第三产业的发展为农民提供了就业、经商的机会,所以退耕后农民将主要精力放在打工、经商和以牛羊为主的养畜业等行业。有效地调整了农村产业结构。在调查的农户当中,大部分农民从以往的生活模式中解放出来,从事了其他行业,甚至有相当一部分农民已经选择其他行业作为自己的主要职业。这些显示出了通过天保工程的实施,带动了农村劳动力结构的变化,劳动力结构正在天保工程的影响下形成了合理流转。

(3) 优化农村产业结构。随着市场需求结构的变化,农村产业结构的优化和升级在农民收入增长与地区经济发展中的作用越来越大。因此,在农产品总量平衡并有结构性过剩的条件下,要增加农民收入,促进地区经济的发展,必须进一步提升和优化农村产业结构和产品结构。传统农业的特征较为突出,产业结构、产品结构单一,生产程度偏低。农村经济结构多年来以农业为主,农业以种植业为主,种植业以粮食为主的单一结构模式。农业结构,产业结构的调整成为制约农业经济发展的障碍。天保工程的实施,以一个强大的政策性的外力,强制、有力地促进农村产业结构逐步调整,农户收入结构由天然林保护前以粮食种植业为主向养殖业、林果业、农产品加工业、外出务工等多业并举转变。改变当地多年来农业结构调整难的困境。

耕地是农民基本口粮田和经济收入的来源。退耕后由于耕地的减少,对农村产业结构产生影响。包括种植结构、家庭养殖结构、剩余劳动力的重新分配等。通过天然林资源保护促使农业内部资源的重新配置与有效利用,减少某些过剩农产品的生产,增加短缺农产品的生产,通过合理投资与经营,提高农村产业结构调整的效率。使内蒙古天保工程区以广种薄收的农业生产和散养畜牧业落后生产方式，向精耕细作的集约化经营和圈舍饲养的特色农牧业生产及一、三产业过渡转变，促进了农村产业结构的合理调整。优化了国民经济结构。主要表现在以下几个方面。

土地利用结构调整：据林业统计年鉴资料分析，天然林资源保护一期工程结束时，天保工程区农、林、牧三业用地比例更为合理，特别是25°以上陡坡耕地全部为天然林资源保护区，林业用地面积比退耕前增加了，使土地利用结构更加合理化。

饲养业结构调整：随着天保工程的深入，坡耕地面积逐年减少，加之机械耕作水平提高，大牲畜耕地利用率降低，饲养成本大幅度提高，农村舍饲养业结构发生了很大变化。一些退耕户，已改变以往放牧牛羊的传统习惯，开始饲养经济价值较高的畜类。

种植业结构调整：主要表现在种植品种的调整上，多数农民退耕后，集中人力、物力大搞旱变水、坡改梯等农田基本建设，开始实施粮食作物改时令蔬菜、低产田改高产田项目，并取得了较好的经济效益。

农村经营结构调整：表现在改变过去单一经营模式为多种经营模式，农林牧副全面发展，在集中搞好农业生产的同时，统筹兼顾林业、牧业和其他副业，并利用农闲季节，组织剩余劳力外出打工，扩大经营范围，增加经济来源，提高农民的经济收入。

农村能源结构的调整：天保工程的实施，促进了当地产业结构调整，带动了相关行业的发展，加快了农村基础设施和能源建设。促使农民逐步由烧柴为主的单一性能源结构，向综合利用沼气、液化气煤和柴等能源的转变。据调查，退耕前的1998年，农民基本依靠烧柴取暖做饭，利用烧煤、液化气取暖做饭的人多集中在一些川道村、交通便利的个别村庄，烧柴户多在一些偏远农村，对原生植被的破坏严重，管理管护难度大。随着天保工程的实施，结合生态移民和农村能源建设，使用煤、沼气、液化气，用电户的农户相应增加，在这些烧柴户中，也由原来大多依靠砍伐自留林木转变到烧作物秸秆和牲畜粪便，农村的能源得到了一定的合理配置，有效地保护了森林资源，也为巩固天保工程成果打下了一定基础。

（4）加快新农村建设。实施天保工程后，为了巩固天保工程成果，天保工程区将生态移民作为工程建设的一项重要配套政策措施。退耕后，为解决贫困农民生活问题，特别对分布在沟深、偏远闭塞地区分散的贫困农户进行了移民搬迁。各扶贫开发点人口居住集中，交通便利，信息畅通，有力地改善了贫困户农民的生产生活条件。目前，当地政府组织实施新修公路，实现了县乡道路的柏油化、农村道路主干线的四级水泥硬化、砂石化的目标。架设农电线路，安置风力发电机，满足农电入户，结合精准扶贫，解决农村吃水问题。2003年取消了农林特产税，2004年以县财政补贴的方式免征了农业税，实现了"零"负担，落实了农村低保对象，教育"两免一补"政策，推行了农村新型合作医疗制度，实现了农村看病住院保障问题和孕产妇免费住院分娩政策。

第7章 内蒙古天然林资源保护工程综合效益的层次分析

本研究参照天保工程检查验收标准和评定方法，采用层次分析法对天保工程的实施情况和建设成效进行综合效益评价，在天然林保护工程综合效益评价中，在一些数据的选取上，主要来自本课题组在内蒙古地区设立样本地的监测数据，在生态效益价值换算中，参照中国林业科学研究院在2008年制定的森林生态服务功能评估规范，虽然目前由于物价上涨，这些数据没有可比性，但是从纵向、横向来比，仍有可取之处，不影响评价结果，所以对此不详尽叙述。

7.1 层次分析法（AHP）的数学模型

1971年美国运筹学家萨蒂提出层次分析法（AHP），它是基于系统论中的系统层次性原理建立起来的，是将复杂的问题分解成若干有序的、条理化的层次，在比原问题简单的层次上逐步分析比较，把人的主观判断用数量的形式表达和处理，是一种定性和定量相结合的多指标分析评价方法。用层次分析法作系统分析，首先要把问题层次化。根据问题的性质和要达到的总目标，将问题分解为不同的组成因素，并按照因素间的相互关联影响以及隶属关系将因素按照不同层次聚集组合，形成一个多层次分析的模型。并最终把系统分析归结为最低层（供决策的方案、措施等），相对于最高层（总目标）的相对重要性权值的确定或相对优劣次序的排序问题。

在排序计算中，每层的因素相对上一层次某一因素的单排序问题又可简化为一系列成对因素的判断比较。为了将比较判定定量化，层次分析法引入1~9标度方法，并写成矩阵形式，即构成所谓的判断矩阵，形成判断矩阵后，即可通过计算判断矩阵的最大特征根及其对应的特征向量，计算出某一层元素相对于上一层次某一元素的相对重要性权值。在计算出某一层次相对于上一层次各个因素的单排列权值后，用上一层次因素本身的权值加权综合，即可计算出某层因素相对于上层整个层次的相对重要性权值，即层次总排序权值。这样，依次从上而下即可计算出最底层因素相对于最高层的相对重要性权值或相对优劣次序的排序值。决策者根据对系统的这种数量分析，进行决策、政策评价、选择方案、制订和修改计划、分配资源、决定需求、预测结局、找到解决冲突的方法等。

这种将思维过程数学化的方法，不仅简化了系统分析和计算，还有助于决策者保持其思维过程的一致性，在一般的决策问题中，决策者不可能进行精确的比较判断，这种判断的不一致性可以由判断矩阵的特征根的变化反映出来。因而，本研究引入了判断矩阵最大特征根外的其余特征根的负平均值为一致性指标，用以检查和保持决策者判断思维过程的一致性。

7.2 层次分析法基本步骤

层次分析法的基本步骤：建立层析结构模型；构造判断矩阵；层次单排序及其一致性检验；层次总排序；层次总排序的一致性检验。对上述步骤分别简单说明。

7.2.1 建立层次结构模型

在深入分析所面临的问题之后，将问题中所包含的因素划分为不同层次，如目标层、准确层、指标层、方案层、措施层等，用框图形式说明层次的递接结构与因素的从属关系。当某个层次包含的因素较多时（如果超过9个），可将该层次进一步划分为若干子层次。

7.2.2 构造判断矩阵

判断矩阵元素的值反映了人们对某个因素相对重要性（或优劣、偏好、强度等）的认识，一般采用1~9及其倒数的标度方法。当相互比较因素的重要性具有实际意义的比值说明时，判断矩阵相应元素的值则可以取这个值。

任何系统分析都以一定的信息为基础，层次分析法的信息基础主要是人们对于每一层次中各因素相对重要性给出的判断。这些判断通过引入合适的标度用数值表示出来，写成判断矩阵。判断矩阵表示针对上一层次某因素，本层与之有关因素之间相对重要性的比较。假定 A 层因素中 ak 与下一层次中 B_1, B_2, B_3, …, B_n 有联系，本研究构造的判断矩阵一般取如下形式。

a_k	B_1	B_2	…	B_n
B_1	b_{11}	b_{12}	…	b_{1n}
B_2	b_{21}	b_{22}	…	b_{2n}
…	…	…	…	…
B_n	b_{n1}	b_{n2}	…	b_{nn}

在层次分析法中，为了使决策判断定量化，形成上述数值判断矩阵，萨蒂引用了表7-1所示的1~9标度方法。

表7-1 判断巨矩阵标度及其含义

标度	含义
1	表示两个因素相比，具有同样重要性
3	表示两个因素相比，一个因素比另一个因素稍微重要
5	表示两个因素相比，一个因素比另一个因素明显重要
7	表示两个因素相比，一个因素比另一个因素强烈重要

续表

标度	含义
9	表示两个因素相比，一个因素比另一个因素极端重要
2，4，6，8	上述两相邻判断的中值
倒数	因素 i 与 j 比较得判断 b_{ij}，则因素 i 与 j 比较的判断 $b_{ji}=1/b_{ij}$

7.2.3 层次单排序及其一致性检验

判断矩阵 A 的特征根问题 $AW=\lambda_{\max}W$ 的解 W，经规一化后记为同一层次相应因素对于上一层次某因素相对重要性的排序权值，这一过程称为层次单排序。为进行层析单排序（或判断矩阵）的一致性检验，需要计算一致性指标 $CI=(\lambda_{\max}-n)/(n-1)$。平均随机一致性指标 RI 的值由表 7-2 给出。

表 7-2 随机一致性指标

维数 Dimension	1	2	3	4	5	6	7	8
RI	0	0	0.58	0.9	1.12	1.24	1.32	1.41
维数 Dimension	9	10	11	12	13	14	15	
RI	1.45	1.49	1.51	1.54	1.56	1.57	1.59	

当随机一致性比率 $CR=CI/RI<0.10$ 时，认为层次单排序的结果有满意的一致性，否则需要调整判断矩阵的元素取值。

7.2.4 层次总排序

计算同一层次所有因素对于最高层（总目标）相对重要性的排序权值，称为层次总排序。这一过程是最高层次到最低层次逐层进行的。若上一层析 A 包含 m 个因素 A_1，A_2，$\cdots$，A_m，其层析总排序分别为 a_1，a_2，$\cdots a_m$，下一层次 B 包含 n 个因素 B_1，B_2，$\cdots$，B_n，它们对于因素 A_j 的层次单排序权值分别为 b_{1j}，b_{2j}，$\cdots$，b_{nj}，（当 B_k 与 A_j 无联系时，$b_{kj}=0$）此时 B 层次总排序权值由表 7-3 给出。

表 7-3 层次总排序

层次 B	层次 A				B 层次总排序权值
	A_1	A_2	$\cdots$	A_m	
	a_1	a_2	$\cdots$	a_m	
B_1	b_{11}	b_{12}	$\cdots$	b_{1m}	$\sum_{j=1}^{m}a_jb_{1j}$

续表

层次 B	层次 A				B 层次总排序权值
	A_1	A_2	...	A_m	
	a_1	a_2	...	a_m	
B_2	b_{21}	b_{22}	...	b_{2m}	$\sum_{j=1}^{m} a_j b_{2j}$
B_n	b_{n1}	b_{n2}	...	b_{nm}	$\sum_{j=1}^{m} a_j b_{nj}$

7.2.5 层次总排序的一致性检验

这一步骤也是从高到低逐层进行的。如果 B 层次某些因素对于 A_j 单排序的一致性指标为 CI_j，相应的平均随机一致性指标为 CR_i，则 B 层次总排序随机一致性比率如下。

$$RI = \frac{\sum_{j=1}^{m} a_j CI_j}{\sum_{j=1}^{m} a_j CR_j}$$

类似地，当 RI< 0.10 时，认为层次总排序结果具有满意的一致性，否则需要重新调整判断矩阵的元素取值。

7.3 天然林资源保护工程综合效益评价指标体系的构建

天保工程是一个多层次、多功能、多目标的复杂的复合生态系统工程，其综合评价内容包括对系统的生态分析、经济分析和社会分析，以及今后发展的趋势。虽然在森林效益分类、指标体系设置、评价方法研究等方面做了许多富有成效的工作，但是由于森林效益评价极其复杂，天保工程建设发展历史短、发挥效益时间又缓慢，评价研究工作又处于起步阶段，在监测工作上也存在一些缺陷，而且不同区域的指标选择和权重又有区别，因而本研究针对内蒙古地区的区域特点，建立适合该地区的天保工程综合效益评价指标体系，对定性、定量地评价天保工程建设成效，对促进天保工程向高效、稳定、健康的方向发展具有十分重要的意义。

7.3.1 天然林资源保护工程综合效益评价指标概述

天保工程的目的是保护和恢复天然林资源，实现森林的可持续经营。森林的生态效益、经济效益和社会效益的统一是森林可持续经营的核心。自从1992年联合国环境与发展大会后，世界各国对森林综合效益评价指标体系进行了研究。国外对森林经营的评价指标主要有蒙特利尔行动纲要、赫尔辛基行动、亚马孙行动、国际热带木材组织等。国内对森林综合效益的研究也进行了一定的探索，但对评价指标体系的研究尚不系统。建立科学合理的评价指标体系关系到评价结果的正确与否，本研究从实际出发，通过建立一整套可量化的天保工程综合效益评价指标体系对内蒙古地区天保工程综合效益进行评价。

7.3.2 天然林资源保护工程综合效益指标体系的构建

天保工程是中共中央、国务院做出的一项改善我国生态环境的伟大战略部署，是实现我国经济、社会与生态环境可持续发展的根本大计。为了全面客观地评价天保工程的建设成效，其评价指标设定的原则、评价方法和思路必须有具有系统性和相关性。

7.3.2.1 评价指标设定原则

天然林保护工程评价指标的选择，应充分考虑天保工程实施的背景和阶段性目标，并要结合当地的实际情况，主要考虑评价指标的以下几条原则。

全面性与科学性：天保工程的指标体系建立在科学的基础上，既要充分体现森林的可持续发展与森林可持续经营的内在机制，还要反映森林生态体系的总体特征和该区域的经济和社会概况。在内容上既反映生态指标、经济指标和社会指标，也要反映森林资源发展的动态指标、静态指标。

针对性和可行性：指标体系建立时必须目标明确、在实际操作中行之有效，切实可行。还要考虑到指标基础数据获取的难易程度、可靠性和代表性。

一致性与可比性：由于在收集指标中存在各地区统计指标水分过大，指标体系中的各指标单位差异也大，因而在收集和处理指标中，既要保证各指标在不同时间、地域、各行业、产业间的可比性，也要保证指标在时空上的一致性。

实用性与系统性：既要求建立的指标体系有明确的含义，在统计资料、调查研究和试验数据中容易获得，而且简便易算，也要求建立的指标体系具有完整性和结构层次性。既要求建立的指标体系能够系统地反映天保工程的生态、经济和社会效益的方面，也要求建立的指标体系是一个目标明确、层次分明、相互衔接的有机整体。

7.3.2.2 评价指标建立的思路

本研究根据构建指标体系的原则，确定天保工程建设成效评价体系的层次，根据不同的层次需求确定其构成要素，在对天保工程具体的评价中，下一级的层次指标计算出上一级的层次指标，即通过最低层次的指标变量层不同具体指标的赋值，采用加权方法算出评价指标层的分值，再由评价指标层的分值加权集合，得出目标层的分值，对天保工程的综合效益进行总体评价。

指标体系的分为目标层、系统层、标准层、指标变量层四个等级。

目标层：内蒙古地区天保工程综合效益评价。

系统层：生态效益、经济效益和社会效益。

标准层：系统层的构成要素指标。

指标变量层：反映森林生态系统状态的关系、变化的原因，对天保工程的建设成效具有直接可测性的评价指标，各项指标变量计算容易，数据资料容易获得。

7.3.2.3 评价指标筛选的方法

筛选指标体系是一项复杂的系统工程，既要求评价者对评价系统了解熟悉并具备一定的相关知识，还要求掌握科学的评价方法。本研究在选择评价指标时，一是通过广泛阅读参考文献，吸纳别人研究成果中的优良指标；二是注重结合实际，根据评价对象的实际情况，提出能够反映其本质的评价指标；三是广泛听取专家意见，对建立的评价指标体系反复修正。

本研究筛选指标的方法主要有，个人判断法、理论分析法、频度分析法、Delphi 法、专家咨询法和调查研究分析的方法。理论分析法就是对天保工程阶段目标完成情况、实施前后内蒙古地区森林资源的变化情况、生态、经济、社会等的变化情况进行分析、比较，设计出天保工程建设成效的评价指标体系。频度分析法是就是根据国内外相关的退化天然林恢复与综合效益评价的文献中，选择出使用频度高、具有典型性、针对性、而且数据可获得性的指标，列为天保工程建设成效的评价指标体系。Delphi 法、专家咨询法和调查研究的方法就是将调查研究得来的定量信息和定性信息进行统计分析，在此基础上，进一步运用专家咨询法，根据专家的意见对评价指标体系进行修正，70%以上的专家认同的指标列入指标体系，最后形成内蒙古地区天保工程综合效益的评价指标。

7.3.2.4 评价指标体系的初选

在对天保工程实施后内蒙古地区天保工程综合效益评价研究中，结合国内外森林综合效益评价指标、《中国生态林业工程综合效益评价指标体系》《中国森林生态系统服务功能评估规范》的指标，并结合天保工程的实施目标、其他可借鉴的指标和研究地实际情况，以及各指标的内涵和测量方法的可行性，初选了 58 个评价指标（表 7-4）。

表 7-4 内蒙古天保工程综合评价体系初选指标

总体层	系统层	标准层	指标层
内蒙古天保工程综合效益评价	生态效益	改变小气候	相对湿度、平均气温、无霜期、干燥度
		涵养水源	森林覆盖率、年径流系数、林地蓄水量、林冠截留率、拦截暴雨径流率、径流模数、地被物持水量、水质改善程度、土壤中重金属含量变化率、侵蚀面积占区域面积的百分比
		水土保持	土壤侵蚀面积百分比、土壤侵蚀模数、流域输沙模数
		改良土壤	土壤容重、土壤总空隙率、土壤有机质含量
		净化大气环境	CO_2 固定量、O_2 释放量、提供负离子、吸收污染物、降低噪声、滞尘
		森林防护	森林护坡（堤）效果、降水径流转化率、重力侵蚀降低率
		生物多样性	物种保育、生物类型多样性、森林植物多样性、森林动物多样性
		森林的游憩价值	森林的游憩价值
	经济效益	直接经济效益	林业生产投入指标、林业生产产出指标、林业投资效益指标、木材产值、经济林收入增长率、林副产品效益、职工年均收入
		间接经济效益	产业的变化、企业负债的变化、利税的变化、天保工程前后林农年度家庭生活消费支出增长率、文化消费支出增长率、人均居住面积
	社会效益	可量化的社会效益	林业在区域经济中的比率、贫困人口变动率、下岗待安置职工变动率、恩格尔系数、就医增长率、适龄儿童入学率
		潜在的社会效益	就业率、基本养老保险覆盖率、"四险"覆盖率、对天保工程的认识程度、对公众身心健康的影响

7.3.2.5 评价指标体系的建立

将初选出来的评价指标，按照评价指标的筛选程序和方法，分送给高校、科研院所的有关专家、教授，广泛征求专家、教授意见，最后确定生态效益指标直接采用中国森林生态系

第7章 内蒙古天然林资源保护工程综合效益的层次分析

统服务功能评估规范中的指标，经济效益和社会效益指标针对内蒙古地区的特点，按照具有可比性和可操作性的原则，对初选指标进行进一步的筛选，确立了中国内蒙古地区天然林保护工程综合效益评价的指标体系，包括总体层1个，系统层指标3个，标准层指标12个，要素层指标24个（表7-5）。

表7-5 内蒙古天保工程综合效益评价指标体系

总体层	系统层	标准层	指标层
内蒙古天保工程综合效益评价指标体系（A）	生态效益（B1）	涵养水源（C1）	调节水量（D1）
			净化水质（D2）
		保育土壤（C2）	保土（D3）
			固肥（D4）
		固碳释氧（C3）	CO_2固定量（D5）
			O_2释放量（D6）
		积累营养物质（C4）	林木营养积累（D7）
		净化大气环境（C5）	提供负离子（D8）
			吸收污染物（D9）
			降低噪声（D10）
			滞尘（D11）
		森林防护（C6）	森林防护（D12）
		生物多样性（C7）	物种保育（D13）
		森林的游憩价值（C8）	森林的游憩价值（D14）
	经济效益（B2）	直接经济效益（C9）	林木产品效益（D15）
			林副产品效益（D16）
			职工年均收入（D17）
		间接经济效益（C10）	林业产业总产值增长率（D18）
			产业结构变化（D19）
			投资利用率（D20）
	社会效益（B3）	可量化的社会效益（C11）	林业在区域经济中的比例（D21）
			林业职工就业率（D22）
		潜在的社会效益（C12）	公众对天保工程的认识程度（D23）
			恩格尔系数（D24）

7.4 内蒙古天然林资源保护工程综合效益评价

7.4.1 天保工程综合效益评价指标计算及分析

运用层次分析法（AHP）分析中国内蒙古地区天然林保护工程综合效益进行分析，得出的生态效益、经济效益、社会效益指标权重如表7-6至表7-17所示，表中指标编号同表7-5。

（1）生态效益指标见表7-6。$\lambda_{max}=8.6307$，$CR=0.0639<0.10$。

表7-6 天保工程生态效益矩阵

生态效益指标	C3	C1	C2	C5	C6	C7	C8	C4	W_i
C3	1	1	0.6703	2.2255	2.2255	1.4918	2.2255	1.8221	0.167
C1	1	1	0.5488	0.6703	2.2255	1	1.8221	1.2214	0.1237
C2	1.4918	1.8221	1	3.3201	3.3201	1	2.2255	4.953	0.237
C5	0.4493	1.4918	0.3012	1	0.3012	0.4493	2.2255	3.3201	0.094
C6	0.4493	0.4493	0.3012	3.3201	1	1	1.4918	1.4918	0.1039
C7	0.6703	1	1	2.2255	1	1	2.2255	1.4918	0.1402
C8	0.4493	0.5488	0.4493	0.4493	0.6703	0.4493	1	1.2214	0.0696
C4	0.5488	0.8187	0.2019	0.3012	0.6703	0.6703	0.8187	1	0.0646

（2）经济效益指标见表7-7。$\lambda_{max}=2.0000$，$CR=0.0000<0.10$。

表7-7 天保工程经济效益矩阵

经济效益指标	C10	C9	W_i
C10	1	1.4918	0.5987
C9	0.6703	1	0.4013

（3）社会效益指标见表7-8。$\lambda_{max}=2.0000$，$CR=0.0000<0.10$。

表7-8 天保工程社会效益矩阵

社会效益指标	C12	C11	W_i
C12	1	1.4918	0.5987
C11	0.6703	1	0.4013

第7章 内蒙古天然林资源保护工程综合效益的层次分析

(4) 固碳释氧效益指标见表7-9。$\lambda_{max} = 2.0000$，$CR = 0.0000 < 0.10$。

表7-9 天保工程生态效益中固碳释氧效益矩阵

固碳释氧效益指标	D5	D6	W_i
D5	1	0.548 8	0.354 3
D6	1.822 1	1	0.645 7

(5) 涵养水源效益指标见表7-10。$\lambda_{max} = 2.0000$，$CR = 0.0000 < 0.10$。

表7-10 天保工程生态效益中涵养水源效益矩阵

涵养水源效益指标	D1	D2	W_i
D1	1	1.822 1	0.645 7
D2	0.548 8	1	0.354 3

(6) 保育土壤效益指标见表7-11。$\lambda_{max} = 2.0000$，$CR = 0.0000 < 0.10$。

表7-11 天保工程生态效益中保育土壤效益矩阵

保育土壤效益指标	D3	D4	W_i
D3	1	2.225 5	0.69
D4	0.449 3	1	0.31

(7) 净化大气环境效益指标见表7-12。$\lambda_{max} = 4.1062$，$CR = 0.0398 < 0.10$。

表7-12 天保工程生态效益中净化大气环境效益矩阵

净化大气环境效益指标	D9	D8	D11	D10	W_i
D9	1	0.548 8	0.670 3	1.491 8	0.213 4
D8	1.822 1	1	1	1	0.288 1
D11	1.491 8	1	1	1	0.274 1
D10	0.670 3	1	1	1	0.224 4

(8) 直接经济效益指标见表7-13。$\lambda_{max} = 3.0178$，$CR = 0.0171 < 0.10$。

表7-13 天保工程直接经济效益矩阵

直接经济效益指标	D17	D16	D15	W_i
D17	1	1.491 8	0.670 3	0.325 6
D16	0.670 3	1	0.670 3	0.249 4
D15	1.491 8	1.491 8	1	0.425 1

(9) 间接经济效益指标见表 7-14。$\lambda_{max} = 3.0178$，$CR = 0.0171 < 0.10$。

表 7-14　天保工程间接经济效益矩阵

间接经济效益指标	D20	D19	D18	W_i
D20	1	0.6703	0.6703	0.2494
D19	1.4918	1	1.4918	0.4251
D18	1.4918	0.6703	1	0.3256

(10) 可量化的社会效益指标见表 7-15。$\lambda_{max} = 2.0000$，$CR = 0.0000 < 0.10$。

表 7-15　天保工程可量化的社会效益矩阵

可量化的社会效益指标	D22	D21	W_i
D22	1	0.6703	0.4013
D21	1.4918	1	0.5987

(11) 潜在的社会效益指标见表 7-16。$\lambda_{max} = 2.0000$，$CR = 0.0000 < 0.10$。

表 7-16　天保工程潜在的社会效益矩阵

潜在的社会效益指标	D24	D23	W_i
D24	1	0.6703	0.4013
D23	1.4918	1	0.5987

(12) 内蒙古天保工程综合效益指标见表 7-17。$\lambda_{max} = 3.0044$，$CR = 0.0043 < 0.10$。可见，总排序的结果具有满意的一致性。

表 7-17　天保工程综合效益矩阵

内蒙古天保工程综合效益指标	生态效益	社会效益	经济效益	W_i
生态效益	1	3.3201	2.2255	0.5675
社会效益	0.3012	1	0.5488	0.1599
经济效益	0.4493	1.8221	1	0.2726

7.4.2　层次分析法的计算结果

各评价指标的权重见表 7-18。

第7章 内蒙古天然林资源保护工程综合效益的层次分析

表 7-18 内蒙古天保工程综合效益评价指标权重

总体层指标	系统层 指标	系统层 权重	标准层 指标	标准层 权重	指标层 指标	指标层 权重
内蒙古天保工程综合效益评价指标体系（A）	生态效益（B1）	0.567 5	涵养水源（C1）	0.123 7	调节水量（D1）	0.645 7
					净化水质（D2）	0.354 3
			保育土壤（C2）	0.237 0	保土（D3）	0.690 0
					固肥（D4）	0.310 0
			固碳释氧（C3）	0.167 0	CO_2 固定量（D5）	0.354 3
					O_2 释放量（D6）	0.645 7
			积累营养物质（C4）	0.064 6	林木营养积累（D7）	1.000 0
			净化大气环境（C5）	0.094 0	提供负离子（D8）	0.213 4
					吸收污染物（D9）	0.288 1
					降低噪声（D10）	0.274 1
					滞尘（D11）	0.224 4
			森林防护（C6）	0.103 9	森林防护（D12）	1.000 0
			生物多样性（C7）	0.140 2	物种保育（D13）	1.000 0
			森林的游憩价值（D8）	0.069 6	森林的游憩价值（D14）	1.000 0
	经济效益（B2）	0.272 6	直接经济效益（C9）	0.598 7	林木产品效益（D15）	0.425 1
					林副产品效益（D16）	0.249 4
					职工年均收入（D17）	0.325 6
			间接经济效益（C10）	0.401 3	林业产业总产值（D18）	0.325 6
					产业结构变化（D19）	0.425 1
					投资利用率（D20）	0.249 4
	社会效益（B3）	0.159 9	可量化的社会效益（C11）	0.598 7	林业在区域经济中的比例（D21）	0.598 7
					林业职工就业率（D22）	0.401 3
			潜在的社会效益（C12）	0.401 3	公众对天保工程的认识程度（D23）	0.598 7
					恩格尔系数（D24）	0.401 3

权重的确立充分体现了天保工程的实施目标，因而本研究的内蒙古地区天保工程综合效益评价指标体系中各项指标的权重差异较大。从二级指标上来看，天保工程建设成效中最突出的是生态效益，在生态效益、经济效益、社会效益三大评价指标中，生态效益指标（B1）的权重最高，为 0.567 5。其次是经济效益指标（B2），权重为 0.272 6，

社会效益的评价指标（B3），权重为0.1599，从权重的设置，就充分体现了天保工程建设目标。

在生态效益评价指标中，保育土壤指标、涵养水源功能指标都能较好地反映天然林保护工程建设成效的重要指标，其权重也较高，保育土壤作用（C2）为0.2370，涵养水源功能（C1）为0.1237。在二者发挥效益的同时，促进了生态环境质量的改善与提高，因此，固碳释氧作用（C3）、积累营养物质的指标（C4）的权重较涵养水源功能指标、保育土壤作用指标权重次之，分别为0.1670、0.0646。天然林保护在增加涵养水源功能和保育土壤作用的同时，也净化了大气环境，为保护生物多样性提供了生存环境，净化大气环境（C5）和生物多样性（C7）为0.0940、0.1402，在发挥上述作用的同时，也很好地发挥了森林防护作用，森林防护作用（C6）为0.1039，生态环境的恢复为人类提供了很好的休闲场所，森林的游憩价值6.96%。

对于四级指标，各指标权重高低同样由上一级指标中占有的地位与作用来决定，涵养水源指标中，调节水量（D1）能直接体现天然林保护工程的巨大成效，因而权重也高，为0.6457。净化水质（D2）是直接反映天然林保护工程对降水的转换与利用的关系，其权重为0.3543；在保育土壤指标上，保土（D3）充分反映了天保工程的建设目标，因而权重高于固肥（D4），保土（D3）的权重为0.69，固肥（D4）为0.31。在固碳释氧指标中，CO_2固定量（D5）是改善环境作用的重要指标，因而其权重为0.3543，O_2释放量（D6）权重为0.6457；林木营养物质积累（D7）只设置了一个指标，权重为1.00。净化大气环境设置了四个指标，根据所发挥的作用，给出各自的权重，提供负离子（D8）为0.2134，吸收污染物（D9）为0.2881，降低噪声（D10）为0.2741，滞尘（D11）为0.2244；森林防护（D12）和物种保育（D13）都只设置了一个指标，为1.00。

经济效益指标及社会效益指标的权重，也是按照各要素层指标在上一级指标体系中作用与地位来确定与取舍。

经济效益指标包括直接经济效益（C9）和间接经济效益（C10）两大类，天保工程建设的经济效益主要体现在林木产品效益（D15），林副产品效益（D16），职工年均收入（D17）等方面，因此直接经济效益指标的权重较大，为0.5987；间接经济效益指标的权重为0.4013。在直接经济效益指标中，林木产品效益（D15）权重为0.4251，林副产品效益（D16）为0.2494，职工年均收入（D17）为0.3256。间接经济效益中林业产业总产值增长率（D18），产业结构变化（D19），是天保工程建设满足"生态优先、兼顾效益"的直接体现，其权重都是0.3256和0.4251，高于对投资利用率（D20）指标，权重为0.2494。

社会效益评价指标中可量化的社会效益指标较为重要，可量化的社会效益指标（C11）的权重为0.5987，潜在的社会效益指标（C12）权重为0.4013。在可量化的社会效益指标中，林业在农村中的比重（D21）涉及社会效益的方方面面，因而权重也大，为0.5987，林业职工就业率（D22）权重为0.4013，潜在的社会效益指标中，公众对天保工程的认识程度（D23）较好地体现了天保工程建设的社会影响力，是可量化的社会效益指标最为重要的指标，因而权重为0.5987，恩格尔系数（D24）较好地反映农民经济收入及消费的变化，其权重为0.4013。

7.4.3 综合效益指数的计算方法

对于综合指标的计算，采取线性加权平均法进行评价指标的综合，其函数表达式如下。

$$Y = \sum_{i=1}^{m} \left[\sum_{j=1}^{n} \left(\sum_{k=1}^{l} (F_k \times P_k) \times R_j \right) \times W_i \right]$$

式中，Y 为中国天然林保护工程综合效益评价指标体系；m 为系统层指标个数，n 为某系统层中的标准层的指标个数，l 为某标准层中的指标层的指标个数，F_k 为指标层中的指标的评价值，P_k 为某一指标层中的指标的权重，R_j 为某一标准层中指标的权重，W_i 为某一系统层中指标的权重。

7.4.4 指标层中各指标评价值的计算

本研究根据各指标（包括各评价层的指标）对研究系统目标的影响与作用方向，将研究指标分为正指标和逆指标，在计算中采用不同的方法（沈洪霞 等，2009）。正指标的计算方法为 $F_k = (P_k - S_k)/S_k$；逆指标的计算方法为 $F_k = (S_k - P_k)/P_k$；其中 F 代表指标评价水平值，P 表示实际值，S 表示参照值。F_k 反映指标值与参照值的接近程度，当 $F_k \geq 1.00$ 时，表明评价值已经达到理想值，取 1.00。

指标层各指标调查因子和实际值（P）和参照值（S）的计算方法，按照《森林生态系统服务功能评估规范》中实物量评估公式计算，如表 7-19 所示，实际值以 2008 年的内蒙古地区天保工程的各项调查指标为准，参照值以天保工程实施前的 1998 年各项调查指标为准。

表 7-19 各指标调查因子汇总

指标层	调查因子	实际计算方法
调节水量（D1）	降水量、蒸发量、林分面积	$G_{调} = 10A(P-E-C)$
净化水质（D2）	降水量、蒸发量、林分面积	$G_{水质} = 10A(P-E-C)$
保土（D3）	土壤侵蚀模数、土壤容重	$G_{固土} = A(X_2-X_1)$
固肥（D4）	土壤有机质含量、N、P、K 的含量	$G_{肥} = AN(X_2-X_1)$；$G_P = AP(X_2-X_1)$；$G_K = AK(X_2-X_1)$
CO_2 固定量（D5）	森林蓄积量、森林含碳量、土壤含碳量	$G_{植被固碳} = 1.63R_{碳}A B_{年}$；$G_{土壤固碳} = AF_{土壤}$
O_2 释放量（D6）	森林蓄积、林分释氧量	$G_{氧气} = 1.19AB_{年}$
林木营养积累（D7）	林木固氮量、固磷量、固钾量	$G_{氮} = AN_{营养}B_{年}$；$G_{磷} = AP_{营养}B_{年}$；$G_{钾} = AP_{营养}B_{年}$；
提供负离子（D8）	年吸收值	$G_{负离子} = 5.256 \times 10^{15} \times Q_{负离子}AH/L$

续表

指标层	调查因子	实际计算方法
吸收污染物（D9）	年吸收值	$G_{二氧化硫}=Q_{二氧化硫}A$；$G_{氟化物}=Q_{氟化物}A$；$G_{氮氧化物}=Q_{氮氧化物}A$；$G_{重金属}=Q_{重金属}A$
降低噪声（D10）	年吸收值	$G_{噪声}=K_{噪声}A$
滞尘（D11）	森林生态站直接测定，单位 dB	$G_{滞尘}=Q_{滞尘}A$
森林防护（D12）	防护林面积、防护农作物和牧草产量	$G_{防护}=AQ_{防护}C_{防护}$
物种保育（D13）	林分面积、物种保育价值	$G_{生物}=S_{生物}A$
森林的游憩价值（D14）	旅游收入、门票收入	直接价值、间接价值
林木产品效益（D15）	木材产量	木材产量×价格
林副产品效益（D16）	林副产品产量	产量×价格
职工年均收入（D17）	职工收入	职工年收入
林业产业总产值（D18）	林业产业总产值	林业产业总产值
产业结构变化（D19）	第一、二、三产业产值	第一、二、三产业产值比
投资利用率（D20）	投入资金、投资完成	投入资金与投资完成比
林业在区域经济中的比例（D21）	林业收入、总收入	林业收入与总收入的百分比
林业职工就业率（D22）	在岗职工、在册人数	在岗职工与在册职工人数的百分比
公众对天保工程的认识程度（D23）	拥护人数、调查人数	拥护人数与调查人数之比
恩格尔系数（D24）	食品消费支出、总消费支出	食品消费支出占总消费支出百分比

7.4.5 评价指标实际值与评价值的确定

在确定实际值时，主要以中国林业统计年鉴和第六次、第七次森林资源清查数据为依据，根据各层指标权重确定方法、指标层各指标的参照值与实际值确定方法，计算出内蒙古地区天保工程综合效益评价的 24 个指标（表 7-20）。

第7章 内蒙古天然林资源保护工程综合效益的层次分析

表7-20 内蒙古天然林保护工程综合效益评价指标体系

总体层指标	系统层 指标	系统层 权重	标准层 指标	标准层 权重	指标层 指标	指标层 权重	天保工程后	天保工程前	评价值
内蒙古天保工程综合效益评价指标体系（A）	生态效益（B1）	0.567 5	涵养水源功能指标（C1）	0.123 7	调节水量（D1）	0.645 7	139.7	40.2	1.00
					净化水质（D2）	0.354 3	139.7	40.2	1.00
			保育土壤效益指标（C2）	0.237 0	固土（D3）	0.690 0	32.82	1.24	1.00
					保肥（D4）	0.310 0	134 314	5 089	1.00
			固碳释氧效益指标（C3）	0.167 0	CO_2固定量（D5）	0.354 3	4 406	1 267	1.00
					O_2释放量（D6）	0.645 7	5 736	1 650	1.00
			积累营养物质（C4）	0.064 6	林木营养积累（D7）	1.000 0	96.4	78.7	1.00
			净化大气环境（C5）	0.094 0	提供负离子（D8）	0.213 4	4 782.8	1 375.5	1.00
					吸收污染物（D9）	0.288 1	2.89	0.83	1.00
					降低噪声（D10）	0.274 1	3 485 171	1 002 310	1.00
					滞尘（D11）	0.224 4	327 606	93 805	1.00
			森林防护（C6）	0.103 9	森林防护（D12）	1.000 0	570 521	153 720	1.00
			生物多样性指标（C7）	0.140 2	物种保育（D13）	1.000 0	115.7	33.3	1.00
			森林的游憩价值（D8）	0.069 6	森林的游憩价值（D14）	1.000 0	321 204	11 809	1.00
	经济效益（B2）	0.272 6	直接经济效益（C9）	0.598 7	林木产品效益（D15）	0.425 1	36 048	287 693	0.21
					林副产品效益（D16）	0.249 4	445	56	1.00
					职工年均收入（D17）	0.325 6	18 204	4 694	1.00
			间接经济效益（C10）	0.401 3	林业产业总产值增长率（D18）	0.325 6	1 565	272	1.00
					产业结构变化（D19）	0.425 1	4:2:1	2:1:1	1.00
					投资利用率（D20）	0.249 4	1:1	1:1	0.00
	社会效益（B3）	0.159 9	可量化的社会效益（C11）	0.598 7	林业在区域经济中的比例（D21）	0.598 7	5.9	3.6	0.64
					林业职工就业率（D22）	0.401 3	94%	1	-0.06
			潜在的社会效益（C12）	0.401 3	公众对天保工程的认识程度（D23）	0.598 7	1	98	1.00
					恩格尔系数（D24）	0.401 3	0.577	0.576	0.00

7.4.6 天保工程综合效益的评价

（1）确定评价等级。采用综合指数法，根据指标赋权、赋值，逐层汇总的原则和方法，就可以对天保工程的综合效益计算得分，并给予总评价。在核算完各评价指标的综合得分后，需要确定评分等级。根据国内外研究成果和天保工程检查验收标准和评定方法，并征询了相关专家的意见，将天保工程建设情况分为4个等级，即60分以下为不合格，60~79分为合格，80~89分为良好，90分以上为优秀。

（2）计算综合指标得分。由计算综合指标的函数可计算出内蒙古地区天保工程综合评价指数为83.08。天保工程综合效益是良好。生态效益指数为56.75，经济效益指数为19.05，社会效益指数为7.28。在计算过程中，林业职工就业率出现了负效应，这是由于我国改革开放后，特别是到了20世纪90年代才出现了企业大批破产、职工开始下岗的局面，但这个时候职工隐性下岗叫待业，到了1999年才出现了大批正式下岗职工。另外，在计算中有的三级指标和四级指标都是一个指标，因而其评价值为1。

7.4.7 剔除其他因素的影响

在实施天保工程的同时，也先后实施了野生动植物和自然保护区工程、治沙工程、生态环境建设重点工程、退耕还林工程、三北及长江流域等重点防护林体系建设工程、速生丰产林建设工程（贵州、云南）等。为了尽可能地减少其他工程的影响，在选取指标及计算上，尽量选用只涉及天保工程的一些指标，但是有些指标在效益体现上很难分离，是多个林业工程共同作用的结果，因而本研究还通过对地方政府、专家、当地农民共50人进行问卷调查，研究天保工程综合效益的贡献率，这样避免了直接选用数据所带来的不确定性。

问卷调查结果表明，天保工程对内蒙古地区生态效益贡献率达84%，对经济效益的贡献率75%，对社会效益的贡献率71%；问卷五调查结果表明：天保工程、退耕还林工程、长江流域防护林工程、速生丰产林工程对内蒙古地区生态效益的贡献，其贡献大小排序依次为天保工程、退耕还林工程、长江流域防护林工程、速生丰产林工程；对经济效益的贡献，其贡献大小排序依次为天保工程、退耕还林工程、速生丰产林工程、长江流域防护林工程；对社会效益的贡献，其贡献大小排序依次为天保工程、退耕还林工程、长江流域防护林工程、速生丰产林工程。从上面可以看出，天保工程产生的效益是主要的，也是巨大的。

7.5 小结

本研究采用专家打分法和运用层次分析法（AHP）构建了天保工程综合效益评价指标体系，由三个层次24个指标组成，总目标层为内蒙古地区天保工程综合效益，准则层为经济效益、社会效益、生态效益，指标层由24个指标组成。

本研究通过对天保工程综合效益评价指标体系进行了层次分析法研究，得出了内蒙古地区天保工程综合效益中各项评价指标的权重，进行了一致性检验，并做出了综合效益指数计算，其评价结果为天保工程综合效益指数为83.08，生态效益指数为56.75，经济效益指数为19.05，社会效益指数为7.28。

天保工程的实施，为改善生态环境、维护内蒙古地区国土生态安全发挥了重要保障作用，为经济社会可持续发展奠定了基础，为建设我国生态屏障做出了重要贡献。但是，由于受到收集数据资料的限制，在运用层次分析法确定权重时受到主观因素的影响，在一定程度上会影响评价指标体系的科学性。因此，对我国实施天保工程以来，产生的综合效益进行全面的、科学的评价，还有待于后续更为深入的研究。

第8章 研究评述与展望

8.1 研究结论

天保工程是我国到目前为止规模最大、涉及面最广的一项生态建设工程,也是一项复杂的经济活动。经实践证明,天保工程建设符合科学发展观的理念。本项研究以林学、生态学、环境经济学以及公共经济学为理论基础,选取天保工程区为研究地点,通过野外调查、实地观测、室内分析测定和遥感影像等手段,对当地的不同林种天保工程的生物多样性、群落生产力、土壤理化性状、土壤水文效应等进行了较为系统的研究,揭示天保工程实施后,其生境的演变过程及特征;并且采取宏观分析、理论分析、问卷调查、定量分析与定性分析等相结合的方法,对天保工程的生态、经济和社会效益进行了较为全面、系统的分析与评价。通过本研究工作,得到以下几个方面的认识与结果。

(1) 开展天保工程生态效益评价研究意义重大。天保工程实施前,我国天然林资源长期遭受严重的破坏,生态环境十分脆弱并且继续恶化,对我国以及长江中下游地区的可持续发展构成巨大威胁。天保工程实施后,天然林退化的趋势得到有效遏制,森林资源初步呈现出良好的增长态势,森林资源整体质量开始好转,反映森林结构的各项指标朝着合理化方向转变,说明天保工程已初见成效。本研究以我国实施的天保工程为研究对象,在综述国内外森林综合效益评价的基础上,通过运用生态经济学、恢复生态理论、生态服务及其价值理论与方法,分析天保工程实施前我国天然林退化的原因和天保工程实施后对我国天然林资源的影响,并筛选出我国天保工程综合效益评价指标体系,在利用我国七次森林资源清查资料基础上,对我国天保工程综合效益进行定量、定性地评价,提出我国天保工程的对策与措施。

(2) 经过对天保工程区土地利用、植被覆盖及其景观格局变化分析,天保工程区的整体变化情况如下。实施天保工程后,林地得到了有效保护,各省份的林地都有显著增长,也由于开始实行的退耕还林、还草工程政策,在一定程度上削弱了耕地总量的增加幅度;草地、水域、未利用地面积均在不同程度上减少,建设用地也在持续增长,这表明一方面由于我国加快了城镇化建设力度,另一方面由于房地产市场的快速发展,建设用地占用耕地现象明显减少。

(3) 森林植物群落指在特定的生境中,以林木为主体,包括与之相适应的其他植物在内的植物组合。随着林分密度的增大,林内光照减少,灌木、草本层物种组成发生变化。灌木层中的阳性植物逐渐消失,这是由于林下植被营养空间改变,植物种间竞争加剧,造成部分阳性植物衰退。从整体来看,实施天保工程后,促进了植被的正向演替,最终形成乔、灌、草结合的稳定群落系统。

不同样地林下草本植物群落中，Shannon Wiener 多样性指数、Pielou 均匀度指数和 Margalef 丰富度指数的变化趋势基本一致，低密度>中密度>高密度。由此可见，在天保工程区可以使生态效益与经济效益兼顾，有效地形成林草复合体系，对促进林下植被的恢复效果佳。

从样地也可以看出，林分密度对灌木、草本层植物多样性有一定影响。随着林分密度的增大，灌木层多样性指数均先增大后减小，草本层则出现先增大后减小再增大的趋势，这可能是由林地微生境差异引起的。随着林分密度的增大，林下物种数逐渐减少，灌木、草本层物种组成发生变化。不同密度的林下灌木层和草本层植物丰富度指数、多样性指数，随林分密度的增加基本表现出减小趋势。各指数与林分密度的相关性分析表明，灌木层和草本层的丰富度指数、草本层的均匀度指数与林分密度均表现出较高的相关性，其中草本层均匀度指数与密度呈显著负相关。随着林分密度的增大，林下共有物种减少，相似系数逐渐降低。密度对人工油松林林下植物多样性有一定影响，但未达到显著水平；中密度下物种丰富度指数、多样性指数、Alatalo 指数均达到最高，表明此密度是林下植被生长发育较为合适的密度，能够保障林下植物多样性的维持。

由于受林种本身的生物学特性的影响，不同植物群落生物量的积累具有明显的差异。对于根系发达的树种，深可达十几米深，其他树种的生物量均为地上部分大于地下部分。根系发达的树种对改善土壤环境，减少水土流失具有重要作用。天保工程实施后，天保工程区优势树种乔灌层生物量均有所增加。

天保工程实施以来，改善了当地的生态环境，2010 年林下草本植物量明显高 2000 年，在同一时间段内，林分密度高，鲜生物量、样品鲜重、样品干重、干生物量几项指标明显大于林分密度低的，高密度 > 中密度 > 低密度，由此可见，实施天保工程提高了草本层的生物量有较大的作用，生态环境得到有效恢复。

在天保工程区内，枯落物的积累不同，高密度>中密度>低密度；从动态变化来看，天保工程的实施，对于植被恢复起到了非常大的作用。由此可以看出，密度对生物量影响大，通过生态恢复可以提高林下的枯落物量和草本层的生物量，形成乔木-草本-枯落物、灌木-草本-枯落物的复合截留体系，使其截留量随着林地年限的增加而逐渐增大。枯落物增多，可有效促进雨水的下渗，减少地表径流的产生，阻留和减缓了地表径流的流速。枯枝落叶层的分解物增加了土壤养分，从而改善了土壤结构，增加了林地土壤贮水保水作用。

（4）天保工程区土壤变化的研究表明，天保工程实施后，由于不同植物群落类型根系的穿插作用，使土壤中形成了许多大的孔隙，特别是根系残体、分泌物等对土壤颗粒的胶结作用，促使形成了更多的大孔隙，提高了土壤的入渗性能，增强了保育水土的能力。同一立地条件下，不同密度之间存在较大的差别，高密度>中密度>低密度；从不同土地利用类型来看，（0，20］cm 表层土壤总孔隙度>（20，40］cm 表层土壤总孔隙度>（40，60］cm 表层土壤总孔隙度；从不同时间段来看，2010 年土壤总孔隙度>1999 年土壤总孔隙度。从非毛管孔隙度含量来看，各种地类均为表层大于下层，但是整体变幅不大，这有利于下渗过程的持续进行，特别是高强度暴雨，可以有效削减径流、蓄水保墒，反过来也促进了植被自身的正常生长发育。

天保工程实施后，减少了雨滴对地面的直接击溅侵蚀，降低了径流对土壤的冲刷，稳定了成土环境，使黏化作用增强，黏粒聚积明显，粉粒、黏粒含量增加，砂粒含量减小，土壤的抗蚀性和抗冲性提高，有效地减少了水土流失。人为的干扰对土壤机械组成的影响较大，天保工程实施后，虽然促进了土壤物理性质的改善，但在前期的工程措施破坏及早期的土壤裸露受水蚀和风蚀的影响下，且土壤的形成和演化是个漫长的物理化学过程，导致其黏粒、细粉粒的含量明显低于天然草地，但造林可以促进土壤环境的改善，并且随着时间的增加效果越明显。

天保工程实施后，林地不受人为破坏，土壤有明层变化，上层土壤通透性能良好，非毛管孔隙度大，土壤容重较小，有利于土壤的气体交换和渗透性的提高。下层土壤由于受上层变化的影响，以及通过降水、灌溉使黏粒沉积，土层坚实，孔隙度小，因而下层土壤的容重较大。实施天保工程后，加之植被枯枝落叶及根系对土壤的影响，降低了上层、下层的明显分界，减小了土壤上层、下层容重的差异，改善了土壤的物理性质，因此可以有效地降低土壤容重。

天保工程区土壤有机质含量均随土层深度的增加而递减，其趋势基本一致，表现出明显的表聚性。由于受植被的根系分布范围和前期工程措施等的影响，高密度的有机质含量要高于中密度，中密度的有机质含量要高于低密度，同密度下土壤有机质含量随深度递减最为剧烈，而高密度林地根系发达，分布范围深且穿透土壤的能力强，土壤有机质含量随土壤深度的加深而递减的程度弱，促进了该层土壤环境的改善的缘故。

天保工程实施后，只有全氮含量在不同林地类型之间（0~20］cm土层中的变化较为明显，而全钾和全磷含量没有明显的规律性变化。这是因为土壤全磷含量的高低，受土壤母质、成土作用和施肥的影响较大，全钾含量可能是因为北方土壤富钾的缘故还是其他原因有待于进一步研究。无论（0，20］cm土层，还是（20，40］cm、（40，60］cm土层中全氮含量增加最多。

天保工程实施后，下层土壤速效磷的变化大致与表土层基本一致，土壤速效磷将会呈增加的趋势。可以看出，（0，20］cm土壤速效钾的含量明显大于（20，40］cm、（40，60］cm层土壤速效钾的含量，随土层的深度递减较为剧烈，随着天保工程的实施，20 cm是由于枯枝落时层的腐殖化作用增加的营养元素在（0，20］cm的表层富集，而林木枯落物和草本植物的矿化难易程度与土壤的水分等环境条件有关，土壤养分逐年向下淋溶累积需要时间的累积。而（20，40］cm、（40，60］cm土层是植物须根活动旺盛的范围，大量的钾元素被植物生长所需吸收，而且通过降水淋溶作用到达下层的钾元素数量低于植物生长的吸收数量，所以导致下层钾元素含量锐减的状况。

天保工程实施后，不同密度林地类型的土壤含水量之间存在明显的差异，林内密度越高，含水率越大。由此引起的土壤干燥化程度和土壤水分的分布也不同。不同的土层，含水率也不同，在（0，20］cm的土层中土壤含水率的较高，由于林地的植被盖度较大，并且表层的腐殖质含量较高，因此其土壤含水量较高。在20 cm以下土壤中，土壤含水量反而变小，主要是因为林木根系较深和强烈的树冠蒸腾耗水量较大所致。天保工程实施以来，土壤含水量明显增加，由于天保工程的实施，植被得到有效恢复，减少了土壤的蒸发，增强了林地内保水功能。

（5）天然林保护工程区森林水文方面研究主要包括森林生态系统蒸散量观测、森林生态系统水量空间分配格局观测、森林配对集水区与嵌套流域观测和森林水质观测。

天然林保护工程林冠截留量林分密度有关，不同密度的天然林的林冠截留量不同，高密度的天然林＞中密度的天然林＞低密度的天然林。2010年的林冠截留量高于2000年的林冠截留量。这主要是天保工程实施后，郁闭度变大，单位面积上的生物量变大，所以截留量也大。

草本层的截留量与林分密度有很大关系，草本层的林分密度大，截留量小，相反，草本层的林分密度小，截留量就大。草本层的截留量由于林分结构和林种的不同，主要是由林下的草本层生物量的多少而引起的差异，很明显密度大的林下草本层截留量最小。天保工程实施后，郁闭度变大，单位面积上的生物量变大，所以截留量也大，因而2010年草本层的截留量大于2000年。

截留量受截留率与生物量两个因素影响，2000年与2010年相比，灌木、草本的平均截留率高于乔木层，灌木、草本的平均截留量也高于乔木层。冠层截留量还是以生物量最大的灌木层最高，生物量中等的乔木层次之，生物量最小的草本层最低。天保工程的实施，生物量的增加，不同层次植冠层截留量都在有所增加。2010年，冠层截留量大于2000年。植冠层截留的主要作用并不在于对雨水截留数量的多少，而更重要的是通过对降水过程质的影响，减轻、缓冲雨水直接打击地面，改变降水的侵蚀性危害，而这些作用要远远高于截留量自身的区区数量。

枯落物容水量由于不同林地的枯落物受林种和林下植物种类的不同，枯落物容水量没有明显的规律性，容水量主要是与林下的枯落物量有关，林分密度高，容水量也高，实施天保工程后，随着生物量的增加，对雨水的截留量也在逐渐增多。有效地促进了雨水的下渗，减少了径流的产生，阻留和减缓了地表径流的流速。并且枯枝落叶层的分解物增加了土壤养分，从而改善了土壤结构，增加了林地土壤贮水保水作用，因而2010年的枯落物容水量明显大于2010年。

天保工程区土壤的渗透性能与土壤的容重和孔隙状况密切相关，林分密度高的林地的稳渗速度大，天保工程实施后，植物根系在土壤中生长、穿插，经历生长、死亡和腐烂的一系列过程，使土壤颗粒呈不均匀分布；土壤动物、微生物活动还直接在土壤中形成各种不同大小的孔隙。植物群落在生长过程中能改善土壤理化性质，促进团粒结构的形成，使土壤容重减小、孔隙增大。2010年与2000年相比，渗透速度也显著增大。

土壤的渗透性能与土壤的容重和孔隙状况密切相关，其中非毛管孔隙度的大小是影响土壤渗透性能的重要指标，因为非毛管孔隙能够很快排空，并源源不断地接受地表水分，使地表径流转变为地下径流或下部土壤贮水。

总体来看，天保工程使土壤物理性质发生变化，由于植物根系的作用使土壤水稳性团聚锋的形成、土壤孔隙度和土壤有机质含量等土壤理化特性不断改善。土壤沙砾和石砾相对减少，分散率降低，团聚度提高，土壤有机质含量提高，水稳性团聚体数量增加，结构体破坏率降低，土壤孔隙度增大，持水量增加，渗透性增强。

（6）通过以上研究，得出如下结论。天然林资源保护一期工程的实施，取得了巨大的生态效益。

2000年和2018年内蒙古自治区森林生态系统服务功能物质量相比，森林面积增加了142.48%，2018年比2000年涵养水源量、净化水质、固土量、减少土壤中N损失量、减少土壤中P损失量、减少土壤中K损失量、减少土壤中有机质损失量、固碳量、释放氧气量、林木积累 N 量、林木积累 P 量、林木积累 K 量、提供负离子数量、吸收二氧化硫量、吸收氟化物量、吸收氮氧化物量、滞尘量、降噪量、森林防护、生物多样性和森林景观游憩分别增加了 55.36 亿 m^3/年、55.36 亿 m^3/年、13 443.1 万 t/年、19.71 万 t/年、9.63 万 t/年、266.94 万 t/年、415.22 万 t/年、723.71 万 t/年、1 851.88 万 t/年、32.22 万 t/年、5.76 万 t/年、20.08 万 t/年、3.58 万 kg/年、94 378.64 万 kg/年、4 693.99 万 kg/年、2 866.74 万 kg/年、1 455.79 亿 kg/年、1 832.620 4 hm^2、1 832.620 4 hm^2、1 832.620 4 hm^2、2.69 亿元，因此影响森林生态系统服务功能实物量增长的主要因素是总面积变化和森林面积变化。森林生态系统服务功能正在向好的方向转变。

（7）我国天保工程产生的综合效益显著。本研究采用专家打分法和运用层次分析法（AHP）构建了天保工程综合效益评价指标体系，由三个层次 24 个指标组成，总目标层为内蒙古地区天保工程综合效益，准则层为经济效益、社会效益、生态效益，指标层由 24 项指标组成。内蒙古天保工程综合效益评价层次分析研究表明，天保工程的实施，不仅带来了巨大的生态效益，而且显示出巨大的经济效益和社会效益。内蒙古天保工程综合效益指数为 83.08，生态效益指数为 56.75，经济效益指数为 19.05，社会效益指数为 7.28，结果为良好。实施天然林保护工程，有效地改善了生态恶化状况，林区经济得到有效恢复，提高了生态保护意识，取得了阶段性预期成果。

由此可见，天保工程实施以来，为改善生态环境、维护我国国土生态安全发挥了重要保障作用，为经济社会可持续发展作出了重要贡献。林业是既是经济、社会发展中不可缺少的基础产业，也是全民族共有公益事业。林地、林木、湿地、野生动植物资源，不仅可以为国家建设和人民生活提供木材及其他多种多样的非木质林产品，同时也是重要的碳贮库、蓄水库、基因库和能源库，在涵养水源、固碳释氧、保持水土、净化水质、防风固沙、调节气候、净化空气、维持生物多样性等方面，发挥着不可替代的作用。另外，还可以为人们提供旅游休闲的场所；发展林业，还可以为社会创造大量的就业机会，为农民提供脱贫致富的途径，为区域经济发展注入大的活力。

8.2　原创性工作

本研究在研究内蒙古天保工程综合效益评价中，和以往研究相比，做了如下原创性工作。

一是本研究针对内蒙古地区建立了一套天保工程综合效益的评价指标体系，在指标的选择上，特别是经济效益指标和社会效益指标，突出了内蒙古地区的特点，针对性强。

二是本研究对内蒙古地区天保工程的综合效益尝试性的价值计量。为了更加科学、准确地评价天保工程实施以来的建设成效，本研究在采用层次分析法进行了综合效益评价的同时，又用了价值计量的方法对其进行分析研究，改进了单一的评价体系。

8.3　研究的不足

由于研究者相关理论与知识储备十分有限，对内蒙古天保工程综合效益评价研究得不够深入，而且对天保工程整体实施情况以及存在的问题认识还不深刻，在评价方法上把握得也不太准确,这些都会对内蒙古天保工程综合效益的评价产生影响。

在评价指标的选择上,特别是生态效益指标的选择,尽管广泛征询了专家、教授的意见,而且也根据实地调研的情况,经过了初选再选,最后确定生态效益指标直接采用中国森林生态系统服务功能评估规范中的指标,但是其对内蒙古地区特点突出不够,针对性还是不强。

在样本选择上,本研究采用了课题组进行课题研究选取的样点,从实际情况来看,总体上基本一致,但也存在这样或那样的差异,这些差异就会不可避免地影响到内蒙古天保工程综合效益评价的准确性和科学性。

在调研的对象上,本研究只是选择了林业厅、林科院、林场、森工企业、林农和选取样点的科研技术人员等与林业有关的局内人士,而与林业无关的局外人没有进行调研。调查对象的片面性,必然会产生调研结果的偏差。

在问题与对策的研究上,本研究结合国有企业改革和农村改革的实践,在林业改革措施上提出了一些改进意见,需要在以后的工作学习中继续完善。

8.4 研究展望

我国天保工程的实践证明,它是一条符合科学发展观要求的正确道路,符合我国国情,特别是生态脆弱地区的实际情况,也顺应了广大森工企业和周边群众的呼声,得到了企业和干部群众的支持,是一项利国利民的工程。建设生态文明,及时完善天保工程政策,切实解决好天保工程规划和巩固天保工程成果的政策措施问题,建立起生态受保护,农民得实惠的长效机制,保障天保工程成效。天保工程建设虽然取得了巨大成就,但科研水平相对滞后,且多集中在微观尺度层面上的研究,天保工程不仅要瞄准不仅缓解当前我国各地区存在的严重环境问题,而且要兼顾区域后续发展过程中对资源的需求和如何促进当地经济良性发展等领域的问题。就此而言,我国目前兴起的生态环境区划、生态地域划分、生态功能区划等存在不足。虽然本次研究以天保工程区为研究对象,对其天保工程建设的效益进行了较为全面的评价。但由于时间短,涉及面广,不可能覆盖整个研究范围,存在研究的盲区,且随着工程建设的推进和重点的转移,在研究制定科学可行的后续政策,巩固已有成果的背景下,建议对以下问题进行进一步的研究。

(1)政府引导与市场机制的结合。经济学依据排他性和竞争性原则将产品分为私人物品和公共物品,认为公共物品由于其社会边际收益大于私人边际收益或者说私人边际成本大于社会边际成本,因而应由政府供给。在现实经济活动中,往往由于各级政府目标的不一致,像环境保护这样的公共产品单一地由政府来供给效果并非很好,既满足不了社会对环境和生态的需求,也由于政府供给公共产品的效率不够高,世界各国在公益林与草地等环境产品的提供方面多采取了政府与私人供给相结合的方式。但究竟二者各占多少比例则没有一致的结论,各国的实际差异也很大。我国天保工程及林权改制作为一种制度创新,到底应采用何种模式、何种比例来使政府与市场有效结合以达到生态与社会经济的优化发展需进一步研究。

(2)在科技变化日新月异的今天,"3S"技术、计算机网络以及通信技术也有了迅猛的发展,这就要求在研究过程中,除应用多交叉学科的理论和研究方法外,还应结合"3S"

以及计算机网络等当代先进科学技术，从景观这一尺度去提取有用的信息，特别是利用不同时期高精度的遥感图像，研究天保工程区景观结构的动态变化、植被恢复与土壤环境之间彼此影响与相互作用的动态响应机理，以及工程区土壤环境对植被恢复的承载力大小做出评价，分析土壤种子库对植被恢复的贡献，建立"因土制宜"的植被与土壤环境的对应组合配置模型，在大的区域尺度上为生态环境建设提供科学依据。

(3) 综合生态系统是一种全新的生态系统管理理念、管理策略、管理方式和方法，即综合运用法律、行政、经济、社会、生态等手段，建立区域广泛合作和参与的管理机制，制定长期和科学的管理规划，以保护自然资源和生态环境，实现控制生态系统功能退化、减少人类活动对生态系统造成的威胁、提高生态系统生产力，促进社会经济的发展。天保工程的建设，到目前为止还没有形成一套集自然、社会、经济为一体的复合生态系统管理体系，将以生态定位站为单元的天保工程的基础数据和实时动态的生态监测数据纳入管理系统，达到有效地对天保工程进行有效地监测和管理，为国家有关部门的决策及其环保、国土、水利、科研院所等部门提供信息服务。

(4) 坚持以人为本，调整天保工程规划，走全面协调可持续发展的路子。广大群众是生态建设的主体，是搞好天保工程建设、巩固天保工程成果的基础。抓好后续产业的发展，解决好干部群众的长远生计问题是关键。为了确保天然林资源保护二期工程的顺利实施，要进一步摸清情况，实事求是地制定天保工程建设规划。随着工程区植被的迅速恢复，天保工程成果绝大多数还处于幼林和未成林阶段，病、虫、鼠、兔害问题随之加剧，森林防火任务也加重，抚育管护工作更加重要，应在实行分类经营的基础上，把生态公益林纳入森林生态效益补偿范围内，以此强化公共财政对天保工程后期管护保障，资金来源与生态公益林事权相一致。工程建设成效的好坏直接关系构建和谐社会大局，不容许有丝毫大意。特别是在后续政策和管理上，一定要措施得当，才能消除隐患，不反弹和新的毁林开垦，天保工程后续发展之路将越走越宽。

(5) 天保工程区社会、经济和生态环境的变化是多因素作用的结果，本研究没有考虑到得其他因素的影响，建议在今后的相关工作中进一步在排除其他因素对天保工程区社会、经济和生态影响的基础上进行深入研究。虽然本研究要求的是法定统计数据，但不能排除个别计数据存在差错性，特别是生态效益评价中使用经验数据、估测数据等。今后的相关评价在数据来源上需要进一步的科学化，以便得出更加可靠的结论及天保工程的负面影响评价。经济效益评价只考虑了天保工程带来的直接和间接影响，没有将与天保工程相配套的措施所带来的间接影响考虑在内。今后在进行相关评价时，望能考虑以上因素的影响，进一步地加以完善。天保工程对当地社会、经济和生态的影响是一个长期过程，特别是对生态影响的评价，在天保工程后短期内的变化都不会太明显，今后如在有条件的情况下，要充分发挥生态定位监测研究站的作用，以便得到在时间尺度上具有连续性的科学数据，对天保工程的综合效益进行适时评价，并在大的区域尺度上建立更为详尽的评价指标体系。

主要参考文献

包维楷,陈庆恒,1998. 退化山地植被恢复和重建的基本理论和方法 [J]. 长江流域资源与环境,7 (4):370-376.
蔡晓明,尚玉昌,1995. 普通生态学:下册 [M]. 北京:北京大学出版社.
陈长发,1994. 中国森林环境资源价值评估-国家科委自然资源核算 04 项目分析报告之三 [R]. 北京:中国林业科学研究院科技信息研究所.
陈建平,陈根年,2004. 陕西佛坪自然保护区森林生态服务价值测评 [J]. 陕西师范大学学报(自然科学版),32 (3):107-111.
陈莉丽,彭道黎,2005. 森林生态效益计量评价的理论方法概述 [J]. 林业调查规划,30 (2):29-32.
陈平留,1996. 森林资产评估 [M]. 成都:电子科技大学出版社.
陈钦,丁艺,刘伟平,2000. 天然林保护工程实施后森工企业面临的问题与对策 [J]. 林业经济问题,20 (3):150-153.
陈文汇,刘俊昌,郑振华,2004. 实施天保工程对国有林区林业企业的影响分析 [J]. 北京林业大学学报(社会科学版)(4):57-61.
陈秀兰,何勇,张丹丹,等,2008. 中国森林生态恢复与重建生态效益评价研究进展 [J]. 林业经济问题 (3):192-195.
陈应发,1996. 费用支出法———一种实用的森林的游憩价值评估方法 [J]. 生态经济 (3):27-30.
陈源泉,高旺盛,2003. 生态系统服务价值的市场转化问题初探 [J]. 生态学杂志,22 (6):77-80.
陈仲新,张新时,2000. 中国生态系统效应的价值 [J]. 科学通报,45 (1):17,22.
陈自新,苏雪痕,刘少宗,等,1998. 北京城市园林绿化效益的研究 [J]. 中国园林,14 (2):57-63.
成克武,催国发,王建,等,2000. 北京喇叭沟门林区森林生物多样性经济价值评价 [J]. 北京林业大学学报,22 (4):66-71.
程积民,万惠娥,胡相明,2005. 黄土丘陵区植被恢复重建模式与演替过程研究 [J]. 草地学报,13 (4):324-328.
冯宗炜,王效科,吴刚,1999. 中国森林生态系统的生物量和生产力 [M]. 北京:科学出版社.
傅伯杰,刘世梁,马克明,2001. 生态系统综合评价的内容与方法 [J]. 生态学报,21 (11):1885-1892.

关文彬，王自力，陈建成，等，2002. 贡嘎山地区森林生态系统服务功能价值评估 [J]. 北京林业大学学报，24（4）：80-84.

管东生，陈玉娟，黄芬芳，等，1998. 广州市绿地系统碳的贮存、分布及其在碳氧平衡中的作用 [J]. 中国环境科学，18（5）：437-441.

郭晓敏，牛德奎，刘苑秋，等，2002. 江西省不同类型退化荒山生态系统植被恢复与重建措施 [J]. 生态学报，22（6）：879-884.

国家林业局，1994. 中国林业统计年鉴（1993）[M]. 北京：中国林业出版社.

过孝民，张慧勤，1990. 公元2000年中国环境预测与对策研究 [M]. 北京：清华大学出版社.

韩素梅，韩阳，刘荣坤，2002. 沈阳地区主要树种净化二氧化硫潜力的研究 [M]//何光元. 城市森林生态学研究进展. 北京：中国林业出版社：189-194.

何尤刚，孔凡斌，2008. 天然林保护工程绩效评价：现状、问题与研究展望 [J]. 生态经济（2）：147-150.

侯元兆，1995. 中国森林资源核算研究 [M]. 北京：中国林业出版社.

侯元兆，2002. 森林环境价值核算 [M]. 北京：中国科学技术出版社.

黄清芳，2002. 林业生态体系建设的监测指标体系研究 [J]. 林业勘查设计（福建），（2）：26-29.

蒋延玲，周广胜，1999. 中国主要森林生态系统公益的评估 [J]. 植物生态学报，23（5）：426-432.

康文星，田大伦，2001. 湖南省森林公益效能的经济评价（森林的固土保肥、改良土壤、和净化大气效应）[J]. 中南林学院学报，21（3）：13-17.

孔繁文，1999. 21世纪的中国林业-环境林业 [J]. 林业经济问题（9）：7-8.

孔繁文，戴广翠，何乃蕙，等，1994. 森林环境资源核算与政策 [M]. 北京：中国环境出版社.

赖亚飞，朱清科，张宇清，等，2006. 吴起县退耕还林生态效益价值评估 [J]. 水土保持学报，20（3）：83-87.

雷孝章，王金锡，彭沛好，等，1999. 中国生态林业工程效益评价指标体系 [J]. 自然资源学报，14（2）：175-182.

李金昌，2002. 价值核算是环境核算的关键 [J]. 中国人口资源与环境，12（3）：1-17.

李蕾，刘黎明，谢花林，2004. 退耕还林还草工程的土壤保持效益及其生态经济价值评估以固原市原州区为例 [J]. 水土保持学报，18（1）：161-163.

李亮光，1995. 广西贫困地区生态环境恢复措施及效益分析 [J]. 贵州环保科技（1）：22-27.

李怒云，洪家宜，2000. 天然林保护工程的社会影响评价 [J]. 林业经济（6）：23-29.

李萍，黄忠良，2007. 南澳岛退化草坡的植被恢复研究 [J]. 热带地理，27（1）：21-24.

李世东，2004. 黄土高原沟壑区退耕还林优化模式研究 [J]. 林业科学，40（5）：71-78.

李卫忠，2003. 公益林效益评价指标体系与评价方法的研究［D］. 北京：北京林业大学.

李文华，欧阳志云，赵景柱，2002. 生态系统服务功能研究［M］. 北京：气象出版社.

李小屏，张伟，2000. 浅析退耕还林对西宁市城区大气环境质量的改善与效益分析［J］. 青海环境，10（3）：122-124.

李意德，1993. 海南岛热带山地雨林林分生物量估测方法比较分析［J］. 生态学报，13（4）：314-320.

李育才，2004. 中国的天然林资源保护工程［M］. 北京：中国林业出版社.

李周，等，2004. 森林资源丰富地区的贫困问题研究［M］. 北京：中国社会科学出版社.

李周，徐智，1984. 森林社会效益计量研究综述［J］. 北京林学院学报（4）：61-65.

梁一民，侯喜录，李代琼，1999. 黄土丘陵区林草植被快速建造的理论与技术［J］. 土壤侵蚀与水土保持学报，5（3）：1-5.

刘俊昌，陈文汇，2007. 天然林资源保护与社会经济协调发展研究［M］. 北京：中国林业出版社.

鲁绍伟，黄选瑞，李帅英，等，2003. 退耕还林的背景分析［J］. 河北林果研究（18）：36-38.

聂华，1994. 试论森林生态服务功能的价值决定［J］. 林业经济（4）：48-52.

聂华，2002. 森林环境价值纳入国民收入核算中的重复计算［J］. 北京林业大学学报（9）：40-41.

欧阳志云，王如松，符贵南，1996. 生态位适宜度模型及其在桃江土地利用生态规划中的应用［J］. 生态学报，16（2）：113-120.

欧阳志云，王如松，赵景柱，1999. 生态系统服务功能及其生态经济价值评价［J］. 应用生态学报，10（5）：635-640.

庞恒才，安和芳，张奎平，2001. 黑龙江省天然林保护工程生态效益评价［J］. 林业勘查设计（2）：26-27.

彭少麟，1996. 恢复生态学与植被重建［J］. 生态科学，15（2）：26-31.

曲格平，1992. 经济发展与环境保护双重目标下的中国能源战略［J］. 中国人口·资源与环境，2（3）：27-28.

任海，彭少麟，陆宏芳，2004. 退化生态系统的恢复与恢复生态学［J］. 生态学报，24（8）：1760-1766.

桑晓靖，2003. 西部地区生态恢复与重建的生态经济评价［J］. 干旱地区农业研究，21（3）：171-174.

沈洪霞，乔交其，乔牡丹，等，2009. 鄂尔多斯市造林总场森林可持续经营指标体系研建及评价［J］. 林业资源管理（1）：50-51.

宋富强，杨改河，冯永忠，2007. 黄土高原不同生态类型区退耕还林综合效益评价指标体系构建研究［J］. 干旱地区农业研究，25（3）：169-174.

宋乃平，张凤荣，李国旗，等，2003. 西北地区植被重建的生态学基础［J］. 水土保持学报，17（5）：1-4.

孙根年，孙建平，吕艳，等，2004. 秦岭北坡森林公园游憩价值测评 [J]. 陕西师范大学学报（自学科学版），32（1）：116-120.

田大伦，2004. 杉木林生态系统定位研究方法 [M]. 北京：科学出版社.

王兵，聂道平，郭泉水，等，2003. 大岗山森林生态系统 [M]. 北京：中国科学技术出版社.

王兵，杨锋伟，郭浩，等，2008. 森林生态系统服务功能评估规范（LY/T 1721—2008）[S]. 北京：中国标准出版社.

王连茂，尚新伟，1993. 香山公园森林游憩效益的经济评价 [J]. 林业经济（3）：15-18.

韦惠兰，夏锋，袁志伟，等，2004. 自然保护区生态效益计量及评估 [J]. 生态经济（1）：30-33.

吴楚材，邓金阳，等，1992. 张家界国家森林公园游憩效益经济评价的研究 [J]. 林业科学，28（5）：423-429.

吴钢，肖寒，赵景柱，等，2001. 长白山森林生态系统服务功能 [J]. 中国科学（5）：471-480.

吴水荣，刘璨，李育明，2002. 天然林保护工程环境与社会经济评价 [J]. 林业经济，(12)：40-42.

肖寒，欧阳志云，赵景柱，等，1999. 森林生态系统服务功能及其生态经济价值评估初探——以海南岛尖峰岭热带森林为例 [J]. 应用生态学报，11（4）：481-484.

肖寒，欧阳志云，赵景柱，等，2000. 海南岛生态系统土壤保持空间分布特征及生态经济价值的经济价值 [J]. 生态学报，20（2）：552-558.

肖玉，谢高地，安凯，2003. 莽措湖流域生态系统服务功能经济价值变化研究 [J]. 应用生态学报（5）：676-680.

谢高地，张纪铿，鲁春霞，等，2001. 中国自然草地生态系统服务价值 [J]. 自然资源学报，16（1）：47-53.

徐篙龄，1988. 中国环境破坏的经济损失计量：实例与理论研究 [M]. 北京：中国环境科学出版社.

薛达元，1997. 生物多样性经济价值评估——长白山自然保护区案例研究 [M]. 北京：中国环境科学出版社.

杨旭东，2004. 中国西部地区退耕还林工程效益评价及其影响研究 [D]. 北京：北京林业大学.

于英，谢晨，关景芬，2002. 天保工程和退耕还林工程并进中的社会经济影响评价——陕西省镇安县案例研究 [J]. 林业经济（8）：44-46.

余作岳，彭少麟，1997. 热带亚热带退化生态系统植被恢复生态学研究 [M]. 广州：广东科技出版社.

俞元春，阮宏华，费世民，1992. 苏南丘陵森林凋落物量及养分归量 [M]//姜志林. 下蜀森林生态系统定位研究论文集. 北京：中国林业出版社：50-55.

袁红军，曹国璠，晏世强，2009. 退耕还林生态效益评价研究与展望 [J]. 现代农业科技（3）：238-242.

袁正科，林柏，2003. 湖南鹰嘴界自然保护区综合科学考察报告 [R]. 湖南省会同县人民政府，湖南林业科学院：52-53.

臧润国，成克武，李俊清，等，2005. 天然林生物多样性保育与恢复 [M]. 北京：中国科学技术出版社.

张厚华，傅德志，孙谷畴，2004. 森林恢复与重建的理论基础 [J]. 北京林业大学学报，26（1）：98-99.

张金池，康立新，卢义山，1996. 苏北海堤主要防护林类型防蚀功能研究 [J]. 南京林业大学学报，20（3）：11-15.

张颖，2004. 绿色 GDP 核算理论与方法 [M]. 北京：中国林业出版社.

张志强，徐中民，程国栋，等，2002. 黑河流域张掖地区生态系统服务恢复的条件价值评估 [J]. 生态学报，22（6）：886-892.

章家恩，2007. 生态学常用实验研究方法与技术 [M]. 北京：化学工业出版社.

章家恩，徐琪，1997. 生态退化研究的基本与框架 [J]. 水土保持通报，17（6）：46-53.

赵景柱，肖寒，吴刚，2000. 生态系统服务的物质量与价值量评价方法的比较分析 [J]. 应用生态学报，11（2）：290-292.

赵良平，2007. 燕山山地森林植被恢复与重建理论和技术研究 [D]. 南京：南京林业大学.

周冰冰，李忠魁，等，2000. 北京市森林资源价值 [M]. 北京：中国林业出版社.

周红，缪杰，安和平，2003. 贵州省退耕还林工程试点阶段社会经济效益初步评价 [J]. 林业经济（4）：24-25.

周映梅，2005. 退耕还林（草）工程效益监测与评估技术 [J]. 草业科学（1）：12-14.

庄大周，唐晓春，2006. 张家界市退耕还林的生态经济效益分析 [J]. 山地学报，24（3）：373-377.

ADGER Y V N, BROWN K, CERVIGNI R, et al., 1995. Total economic value of forests in Mexico [J]. Ambio, 24（5）：286-296.

ANDERSON D, 1990. Carbon fixing form and economic perspective [C]//Forestry Commission's First Economics Research Conference. Toronto：York University.

ANDERSSON T, FOLKE C, NYSTROM S, 1995. Trading with the environment：ecology, economics, institutions and policy [M]. London：Earthscan.

BLAIR J M, BOHLEN P J, STINNER B R, et al., 1995. Manipulation of earthworm populations in field experiments in agroecosystems [J]. Acot Zoologica Fennica, 196：48-51.

BLOOM A J, CALDWELL R M, 1998. Root excision decreases murrient adsorption and gas fluxes [J]. Plant and Physiology, 87：794-796.

BORIS V, VLADIMIR C, BRIAN C, et al., 2009. A random process may control the number of endemic species [J]. Biologia, 64：107-112.

BORMANB F H, LIKERI SGE, 1979. Pattern and processes in a ferested ecosystem [M]. New York：Springer.

BRAIN F, 2007. Stable esotope ecology [M]. New York：Springer.

BROWN S, SSTHAYE J, CANELL M, et al., 1990. Plant community dynamics in a semi-arid ecosystem in relation to nutrient addition following amajor disturbance [J]. Plant and Soil, 126 (1): 91-99.

CAIRNS J, 1997. Protecting the delivery of ecosystem services [J]. Ecosystem Health, 3 (3): 185-194.

CHAPMAN G, 1992. Desertified grassland [M]. London: Academic Press.

COSTANZA R, 1976. The value of the world's ecosystem services and natural capital [J]. Nature, 8: 253-260.

COSTANZA R, FISHER B, MULDER K, 2007. Biodiversity and ecosystem services: a multi-scale empirical stydy of the relationship between species richness and net primary production [J]. Ecological Economics, 61: 478-491.

COSTANZA R, 1997. The economic benefit of the world's ecosystem services and natural capital [J]. Nature, 387: 253-260.

COSTANZA R, 2000. Social goals and the valuation of ecosystem services [J]. Ecosytems, 3: 4-10.

DAILY G C, 1997. Natures services: societal dependence on natural ecosystems [M]. Washington: Island Press.

DE GROOT R S, WILSON M A, BOUMANS R M J, 2002. A typology for the classification, description and valuation of ecosystem functions, goods and services [J]. Ecological Economics, 41: 393-408.

DIXON R K, BROWN S, HOUGHTON R A, et al., 1994. Carbon pool and fiux of global forest eco systems [J]. Science, 263: 185.

DOUGLASS R W, 1982. Forest recreation [M]. New York: Pergamon Press.

GOMEZ F, TAMARIT N, JABALOYES J, 2001. Green xones, bioclimatic studies and human comfort in the future development of urban planning [J]. Landscape Urban Plan, 55: 151-161.

JIM C Y, 2001. Managing urban trees and their soil envelopes in a contiguouslyd eveloped city environment [J]. Environmental Management, 28 (6): 819-832.

LUTZ M, BASTIAN O, 2002. Implementation of landscape planning and nature conservationin the agricultural landscape-acasestudy from Saxony [J]. Agriculture Ecosystems & Environment, 92: 159-170.

MAINI J S, 1992. Practising sustainable forest sector development in Canada: a federal perspective [J]. Forestry Chronicle, 78 (2): 107-108.

MUNASINGHE M, 1992. Biodiversity protection policy enviromental valuation and distribution issues [J]. Ambio, 21 (3): 227-236.

NORMAN M, RUSSELL A M, CRISTINA G, 2000. Biodiversity hotspots for conservation priorities [J]. Nature, 403 (24): 852-858.

ODUM, H T, 1971. Environment, power, and society [M]. New York: Wiley Interscience.

PEARCE D W, 1990. Assessing the returns of economy and to society from investment in forestry [M]. Edinburgh: Forestry Commission.

RICHARD P G, CORDRAY S M, 1991. What should forests sustain eight answers [J]. Journal of Forestry, 89 (5): 10-17.

SANDRO A, SIMONE P, JAYANTH R, 2006. Dynamical evolution of ecosystems [J]. Nature, 444 (14): 935-928.

TOBIAS D, MENDELSOHN R, 1991. Valuing ecotourism in a tropical rainforest reserve [J]. Ambio, 20: 91-93.

VOGT W, 1948. Road to survival [M]. New York: Eilliam Sloan.

WILLIAM R J, MICHAEL E G, JOHN D A, 1987. Restoration ecology: asynthetic approach to ecological research [M]. Cambridge: Cambridge University Press.